Chukwuemeka Jude Diji

Energia - Análise Exergética e Emissão de Óxido de Carbono (IV)

Chukwuemeka Jude Diji

Energia - Análise Exergética e Emissão de Óxido de Carbono (IV)

ScienciaScripts

Imprint

Any brand names and product names mentioned in this book are subject to trademark, brand or patent protection and are trademarks or registered trademarks of their respective holders. The use of brand names, product names, common names, trade names, product descriptions etc. even without a particular marking in this work is in no way to be construed to mean that such names may be regarded as unrestricted in respect of trademark and brand protection legislation and could thus be used by anyone.

Cover image: www.ingimage.com

This book is a translation from the original published under ISBN 978-3-330-33012-2.

Publisher:
Sciencia Scripts
is a trademark of
Dodo Books Indian Ocean Ltd. and OmniScriptum S.R.L publishing group

120 High Road, East Finchley, London, N2 9ED, United Kingdom
Str. Armeneasca 28/1, office 1, Chisinau MD-2012, Republic of Moldova, Europe
Printed at: see last page
ISBN: 978-620-7-69453-2

CAPÍTULO 1
INTRODUÇÃO

1.1 Antecedentes do estudo

Os processos industriais são processos que envolvem etapas químicas ou mecânicas para ajudar a fabricar um ou mais objectos em grande escala. Os processos industriais são os elementos-chave da indústria pesada. Um processo industrial distingue-se de um processo artesanal, de um processo oficinal ou de um processo laboratorial pela escala ou pelo investimento necessário.

A produção industrial é a espinha dorsal do desempenho económico em quase todos os países. O sector industrial é extremamente diversificado, abrangendo uma vasta gama de actividades, desde a extração de recursos naturais ao fabrico de produtos acabados e à sua transformação em matérias-primas. Muitos destes processos requerem grandes quantidades de energia.

A energia, a capacidade de realizar trabalho físico ou produzir calor, é um fator de produção nos processos económicos e industriais e um produto intermédio. É geralmente avaliada como um fator de produção num processo de produção ou utilização que resulta num produto final.

A energia é uma procura derivada. A produção, o fornecimento e a venda de todos os tipos de bens e serviços requerem energia e é possível somar a energia necessária para cada fase do processo de produção para determinar o custo total da energia para bens e serviços específicos.

A energia é uma matéria-prima estratégica para estimular o crescimento económico através da industrialização e da exportação de bens industriais. A indústria energética serve de vetor de criação de emprego e de estímulo a outros sectores. A importância da energia no processo de desenvolvimento económico levou a um questionamento da função de produção neoclássica tradicional, na qual a terra, o trabalho e o capital são considerados os principais factores de produção (Ebohon, 1996).

Os consumidores procuram energia de duas formas: direta e indiretamente. A energia é consumida diretamente sob a forma de gasolina, eletricidade, gás natural ou óleo para aquecimento. Indiretamente, é consumida sob a forma de energia utilizada noutros sectores da economia para produzir os outros bens e serviços adquiridos pelos consumidores. A energia indireta está longe de ser negligenciável; o consumidor médio consome mais energia indiretamente do que diretamente (Herenden e Tanaka (1976)).

Sabemos, no entanto, que o consumo de energia liberta gases para a atmosfera cujas reacções físico-químicas na atmosfera têm um impacto profundo no sistema climático da Terra. Entre os gases emitidos para a atmosfera encontram-se os gases com efeito de estufa (GEE) e os seus efeitos associados, que constituem um dos problemas ambientais mais complexos que a humanidade enfrenta. Prevê-se que os efeitos da acumulação destes gases na atmosfera conduzam a alterações climáticas, à perturbação da produção agrícola, a alterações físico-químicas no ecossistema e a repercussões na saúde humana.

Embora a maior parte das emissões de gases com efeito de estufa se deva ao consumo de combustíveis fósseis, sabemos que as emissões de gases com efeito de estufa também resultam de uma multiplicidade de actividades industriais que nada têm a ver com a energia. As principais fontes de emissões são os processos de produção industrial, durante os quais os materiais sofrem transformações químicas ou físicas. Estes processos podem emitir muitos gases com efeito de estufa diferentes, incluindo CO2, CH4 e N2O. A produção de cimento é um exemplo notável de um processo industrial que liberta uma quantidade considerável de CO2. Vários halocarbonetos (e SF6) são também consumidos em processos industriais ou utilizados como alternativas às substâncias que empobrecem a camada de ozono (ODS) em várias aplicações. O Quadro 1.1 apresenta uma panorâmica das potenciais fontes industriais de emissões de gases com efeito de estufa e de precursores de ozono.

Os consumidores industriais de energia podem ser divididos em dois grupos. O primeiro grupo inclui as indústrias de utilização intensiva de energia, em que os custos energéticos representam uma proporção significativa dos custos totais de produção (entre 15% e 50%); estas incluem o ferro e o aço, o cimento, a pasta e o papel, os produtos químicos, os fertilizantes, o alumínio e a refinação de petróleo. Para estas indústrias, as variações nos custos da energia têm um impacto decisivo nos custos de produção e na rendibilidade. Outra caraterística importante destas indústrias é que, mesmo dentro do mesmo grupo industrial, existem diferenças na intensidade energética que reflectem diferenças nos processos de produção. Mesmo dentro da mesma categoria de produtos, a intensidade energética varia de acordo com factores como o mix de produtos (por exemplo, diferentes tipos de produtos de papel), o processo básico de fabrico (por exemplo, "húmido" ou "seco") e o tipo de papel utilizado.

Quadro 1.1: Potenciais emissões de processos industriais

Processo	Gases com efeito de estufa						Precursores de ozono e aerossóis			
	Co2	Ch4	N2o	Pfc	Sf6	Hfc	Nox	Nmvoc	Co	Assim2

Produtos minerais										
Produção de cimento	X									X
Produção de cal	X									X
Utilização de calcário	X									
Produção e utilização de carbonato de sódio	X									
Telhados de asfalto								X	X	
Pavimentação de estradas							X	X	X	X
Outros	X	X					X	X	X	X
Indústria química										
Amoníaco	X						X	X	X	X
Ácido nítrico			X				X			
Ácido adípico			X				X	X	X	
Ureia			X							
Metais duros	X	X						X	X	X
Caprolactama			X							
Petroquímica		X	X			X		X		
Produção de metais										
Ferro, aço e Ferro-ligas	X	X					X	X	X	X
Alumínio	X	X		X	X		X	X	X	X
Magnésio	X				X		X	X	X	X
Outros metais	X	X			X		X	X	X	X
Outros										
Pasta e papel							X	X	X	X
Produção de alimentos e bebidas								X		
Produção de halocarbonetos				X	X	X				
Utilização de halocarbonetos e sf6				X	X	X				

FONTE: Revisão das Directrizes do IPCC de 1996 para os Inventários Nacionais de Gases com Efeito de Estufa: Manual de Referência

processo para o cimento), o tipo de fonte de energia (eletricidade ou combustíveis hidrocarbonetos) e a dimensão da fábrica, bem como um grande número de factores relacionados com o conceito geral de eficiência, tais como a quantidade de calor residual, o tempo de inatividade, a manutenção geral da fábrica e os procedimentos operacionais.

O segundo grupo inclui um grande número de pequenos e médios consumidores de energia, cujo consumo de energia não é muito elevado em relação à produção e cujos custos de energia são geralmente inferiores a 15% dos custos totais de produção.

Este estudo centra-se principalmente no primeiro grupo de indústrias de energia intensiva e, mais especificamente, na ***indústria do cimento na Nigéria***.

1.2 <u>O conceito de energia e exergia</u>

A termodinâmica é geralmente considerada como a ciência da energia. Desempenha um papel fundamental na análise dos sistemas e dispositivos em que se efectua a transferência e a conversão de energia. As implicações da termodinâmica são vastas e as suas aplicações estendem-se a todo o domínio da atividade humana. Ao longo da nossa história tecnológica, o desenvolvimento da ciência melhorou a nossa capacidade de tornar a energia utilizável e de a utilizar para satisfazer as necessidades da sociedade. A revolução industrial é o resultado da descoberta da forma de utilizar a energia e de transformar o calor em trabalho. A natureza permite que o trabalho seja completamente transformado em calor, mas o calor é tributado quando é transformado em trabalho. É por isso que o retorno do nosso investimento na transferência de calor é comparado com a transferência de trabalho, e é por isso que procuramos maximizar esse retorno.

A ciência da termodinâmica baseia-se no conceito de estados de equilíbrio (embora exista também uma termodinâmica de não-equilíbrio) e no postulado de que a alteração do valor das grandezas termodinâmicas, como a energia interna, entre dois estados de equilíbrio de um sistema não depende do caminho termodinâmico que o sistema percorreu para passar de um estado para o outro. A mudança é definida pelo estado de equilíbrio final e pelo estado de equilíbrio inicial do sistema. Isto significa que a alteração da energia interna de um sistema é determinada pelo conhecimento das propriedades que especificam o sistema nos seus estados final e inicial. Algumas destas propriedades são a pressão, a temperatura, o volume específico, a entropia, etc.

A ciência da termodinâmica baseia-se principalmente em duas leis fundamentais da natureza, a primeira e a segunda leis. A primeira lei da termodinâmica (FLT) afirma que a energia não pode ser criada nem destruída, mas apenas mudar de forma. A segunda lei da termodinâmica (SLT) afirma que a energia não é apenas quantitativa, mas também qualitativa, e que os processos reais prosseguem na direção da diminuição da qualidade da energia. A energia térmica a uma temperatura elevada degrada-se quando é transferida para um corpo a uma temperatura inferior. A tentativa de quantificar a qualidade ou o potencial de trabalho da energia à luz da segunda lei da termodinâmica levou à definição das propriedades da entropia e da exergia.

A energia é uma grandeza escalar que não pode ser observada diretamente, mas que pode ser captada e avaliada através de medições indirectas. O valor absoluto da energia de um sistema é difícil de medir, ao passo que a sua variação em energia é bastante fácil de calcular. A energia está também ligada à estrutura da matéria e pode ser libertada por reacções químicas e atómicas. Ao longo da história, o aparecimento das civilizações foi marcado pela descoberta e utilização eficaz da energia para as necessidades da sociedade.

A energia total E representa a soma de todas as formas de energia que um sistema possui, e a variação do conteúdo energético de um sistema durante um processo é expressa como uma ΔE do sistema. Na ausência de efeitos eléctricos, magnéticos e de superfície, a energia total pode ser expressa como a soma das energias interna, cinética e potencial como

$$E = U + KE + PE \tag{1.1}$$

$$E_{Sistema\ \Delta Es} = \Delta U + \Delta KE + \Delta PE$$

A energia pode ser transmitida a um sistema sob três formas diferentes: *Calor Q, trabalho ondulatório W e trabalho de fluxo em relação à massa que* atravessa a fronteira do sistema.

As interacções energéticas são detectadas na fronteira do sistema quando o atravessam e representam a energia ganha ou perdida por um sistema durante um processo. A primeira lei da termodinâmica, ou o balanço energético de um sistema em qualquer processo, pode ser expressa da seguinte forma

$$E_{in} - E_{out} = \Delta E_{system}$$

Isto significa que a variação líquida (aumento ou diminuição) da energia total do sistema durante um processo é igual à diferença entre a energia total fornecida e a energia total consumida.

que deixa o sistema durante o processo. A equação (1.3) exprime o princípio da conservação da energia para qualquer sistema e é uma expressão do primeiro princípio da termodinâmica. Na análise de sistemas, esta equação é geralmente complementada pelo teorema da conservação da massa.

Esta relação também pode ser expressa em termos de unidades de massa, diferenciais e taxas da seguinte forma

$$e_{in} - e_{out}\Delta e_{system}$$

$$\delta_{in} - \delta_{off} = dSystem$$

As duas únicas formas de interação energética associadas a uma massa sólida ou a um sistema fechado são a *transferência de calor* e *o trabalho.*

Num sistema fechado que segue um ciclo, os estados inicial e final são idênticos,

$$\Delta E_{system} = E2 - E1 = 0 \qquad (1.6)$$

O balanço energético de um ciclo pode então ser simplificado para

$$E_{in} - E_{out} = 0 \qquad (1,7)$$

ou

$$E_{in} = E_{out} \qquad (1.8)$$

Como não há fluxo de massa para além dos limites num sistema fechado, o balanço energético de um circuito pode ser expresso pelas interacções de calor e trabalho da seguinte forma

$$W_{net,out} = Q_{net,}$$

Isto significa que o trabalho líquido fornecido durante um ciclo é igual ao calor líquido fornecido para um ciclo.

A exergia de um sistema é definida como o trabalho máximo de onda que pode ser fornecido pela composição do sistema e um determinado ambiente de referência, assumido como infinito e em equilíbrio, que inclui, em última análise, todos os outros sistemas. Regra geral, o ambiente é especificado em termos de temperatura, pressão e composição química. A exergia não é simplesmente uma propriedade termodinâmica, mas sim uma propriedade comum a um sistema e ao ambiente de referência. A exergia de um sistema pode ser aumentada se for efectuado trabalho sobre ele.

A exergia é única na medida em que só pode ser conservada se todos os processos do sistema e do ambiente forem reversíveis. A exergia é sempre destruída quando ocorre um processo irreversível. Quando se efectua uma análise exergética de uma instalação, como uma central eléctrica completa, uma instalação de processamento químico ou uma instalação de refrigeração, as deficiências termodinâmicas podem ser quantificadas como destruição de exergia, ou seja, como trabalho desperdiçado ou potencial desperdiçado para a produção de trabalho. Tal como a energia, a exergia pode ser transferida ou transportada para além dos limites de um sistema. Para cada tipo de transferência ou transporte de energia, existe uma transferência ou transporte de exergia correspondente. A transferência de exergia associada ao trabalho das ondas é igual ao trabalho das ondas. No entanto, a transferência de exergia associada à transferência de calor depende do nível de temperatura a que esta ocorre em relação à temperatura ambiente.

A importância da análise exergética pode ser resumida da seguinte forma:

1. Permite ter em conta, da forma mais eficaz possível, o impacto da utilização dos recursos energéticos no ambiente.

2. É adequado para a conceção e análise de sistemas energéticos, aplicando os princípios de conservação da massa e da energia em relação à segunda lei da termodinâmica.

3. Trata-se de uma abordagem adequada e prática para avançar com o objetivo de uma utilização mais eficiente da energia e dos recursos, uma vez que identifica as localizações, os tipos e as verdadeiras ordens de grandeza dos resíduos e das perdas.

4. É um método eficaz que mostra se e em que medida é possível conceber sistemas energéticos mais eficientes, reduzindo as ineficiências dos sistemas existentes.

5. É uma componente essencial para alcançar o desenvolvimento sustentável.

5.1.1 <u>Comparação entre exergia e energia</u>

O método tradicional de análise da utilização de energia de uma operação num sistema de processamento físico ou químico de materiais e produtos, com a respectiva transferência e/ou transformação de energia, consiste na elaboração de um balanço energético. Este balanço baseia-se obviamente no FLT. Neste balanço, a informação sobre o sistema é utilizada para tentar reduzir as perdas de calor ou melhorar a recuperação de calor. No entanto, este balanço não contém informação sobre a degradação energética que ocorre no processo, nem quantifica a utilidade ou qualidade do conteúdo térmico dos vários fluxos que saem do processo sob a forma de produtos, resíduos ou refrigerante.

O método de análise exergética supera as limitações do FLT. O conceito de exergia baseia-se tanto no FLT como no SLT. A análise exergética pode destacar claramente onde a energia está a ser degradada num processo, o que pode levar a melhorias na operação ou na tecnologia. Pode também quantificar a qualidade do calor num fluxo de resíduos. O principal objetivo da análise exergética é, portanto, determinar as causas e calcular as verdadeiras ordens de grandeza das perdas exergéticas. O quadro 1.2 apresenta uma comparação geral entre a energia e a exergia.

Quadro 1.2: Comparação de energia e exergia

S/N	ENERGIA	EXÉRCITO
1.	Depende apenas dos parâmetros do fluxo de material ou de energia e é independente dos parâmetros ambientais.	Depende tanto dos parâmetros do fluxo de material ou de energia como dos parâmetros ambientais.
2.	₁Tem um valor diferente de zero (igual a mc de acordo com a equação de Einstein).	É igual a zero (em estado morto por equilíbrio com o ambiente).

3.	É definido pelo FLT para todos os processos.	Só é controlado pelo FLT no caso de processos reversíveis (é parcial ou totalmente destruído no caso de processos irreversíveis).
4.	É limitado pelo SLT para todos os processos (incluindo os processos reversíveis)	Não limitado pelo SLT no caso de processos reversíveis.
5.	É o movimento ou a capacidade de produzir movimento.	É o trabalho ou a capacidade de produzir trabalho.
6.	Faz sempre parte de um processo e, por conseguinte, não pode ser destruído nem criado.	É sempre conservado num processo reversível, mas sempre consumido num processo irreversível.
7.	É apenas uma medida de quantidade.	É uma medida de quantidade e qualidade devido à entropia

FONTE: Ibrahim,D. e Yunus,A.C (2001)

É importante distinguir entre exergia e energia para evitar confusão com os métodos tradicionais de análise e projeto de sistemas térmicos baseados na energia. A energia entra e sai de um sistema através do fluxo de massa, transferência de calor e trabalho (por exemplo, veios, hastes de pistão). A energia é conservada, não destruída: é o que diz o FLT. A exergia é um conceito completamente diferente. Representa quantitativamente a energia "útil" ou a capacidade de realizar trabalho - o conteúdo de trabalho - dos muitos fluxos diferentes (massa, calor, trabalho) que circulam no sistema. A primeira caraterística da propriedade exergia é que permite comparar, numa base comum, interacções (entradas, saídas) muito diferentes no sentido físico do termo. Outra vantagem é que, ao ter em conta todos os fluxos de exergia no sistema, é possível determinar em que medida o sistema destrói exergia. A exergia destruída é proporcional à entropia gerada. Nos sistemas reais, a exergia é sempre destruída, parcial ou totalmente: é o que diz o SLT. A exergia destruída ou a entropia gerada é responsável pelo facto de o desempenho do sistema ser inferior ao seu desempenho teórico.

1.3 Análise energética

A análise energética é o aspeto dos estudos energéticos que se ocupa da medição do conteúdo energético dos produtos manufacturados como um contributo estatístico para as decisões de gestão industrial. Não se trata apenas de identificar e quantificar a energia direta facilmente identificável e mensurável de um processo ou produto, mas também as energias indirectas a montante. Estas podem ser definidas num quadro cada vez mais amplo, começando pela energia utilizada para extrair, transportar e transformar a fonte de energia utilizada num determinado processo.

Esta cobertura pode ainda ser alargada de modo a incluir os correspondentes consumos de energia necessários para o fornecimento de matérias-primas ou outros consumos não energéticos ao processo. A cobertura pode ainda ser alargada de modo a incluir a energia utilizada para os bens de equipamento utilizados no processo e nas indústrias a montante que fornecem capital, bem como o conteúdo energético dos bens importados e exportados.

Este tipo de análise pode começar com um levantamento dos consumos a montante de um determinado produto ou processo, ou com uma conversão quantitativa dos valores monetários estimados dos consumos directos e indirectos de energia para uma vasta gama de bens ou indústrias, utilizando como ponto de partida dados básicos da tabela de entradas/saídas. Uma análise energética exaustiva de um sistema :

1. Avaliar e descrever todos os utilizadores finais de energia.

2. Determinação do consumo de energia por sistema e tipo de combustível

3. Resumir os planos operacionais do sistema

4. Descrever a eficiência de todos os subsistemas de um sistema

5. Identificar oportunidades para um planeamento e manutenção operacionais eficazes

6. Descrever as possibilidades oferecidas pelas tecnologias de eficiência do pronto-a-vestir.

7. Descrever soluções técnicas para a eficiência energética.

8. Descrever pormenorizadamente os custos e as economias de energia resultantes dos investimentos.

9. Identificar oportunidades que exijam um maior planeamento.

10. identificar outros recursos susceptíveis de contribuir para a aplicação de políticas, programas ou projectos energéticos adequados.

São geralmente utilizadas duas abordagens na análise energética. A primeira centra-se na utilização direta de combustíveis (ou eletricidade) para realizar uma função. Esta abordagem é por vezes designada por **"stock - e - fluxos"**; centra-se no inventário do equipamento consumidor de energia, nas suas características físicas e na sua taxa de utilização. A segunda abordagem centra-se na utilização da energia contida em diferentes produtos ou serviços finais durante o seu fabrico e entrega. Esta abordagem é por vezes referida como **a abordagem da "energia incorporada".** É esta segunda abordagem que é utilizada no presente estudo.

A energia incorporada é a quantidade de energia necessária para todas as actividades relacionadas com um processo de produção, incluindo as partes relativas consumidas em todas as actividades a montante do fornecimento de recursos naturais e a parte de energia utilizada para o fabrico de equipamento e funções de apoio, ou seja, energia direta mais energia indireta. As componentes da energia incorporada são, portanto, a energia de fabrico, de transporte e de eliminação necessária para produzir um material. Não tem nada a ver com a energia interna do material.

Uma análise da energia cinzenta implica, portanto, a enumeração ou medição da energia direta e indireta necessária para todas as actividades envolvidas num processo de produção.

O conteúdo energético dos materiais e os custos energéticos de uma atividade económica podem ser medidos utilizando dois métodos gerais: **análise de processos e análise de entradas-saídas (I-O)** (Chapman, 1974).

Em teoria, ambos os métodos requerem os mesmos dados e dariam o mesmo resultado se estivesse disponível uma base de dados totalmente desagregada. No entanto, cada técnica é mais útil para um determinado tipo de problema. Os problemas agregados à escala nacional prestam-se bem à análise I-O, enquanto a análise de processos é mais adequada para processos, produtos ou cadeias de produção específicos, em que os fluxos físicos de bens e serviços são fáceis de seguir.

1.1.1   <u>Análise do processo</u>

A análise do processo é uma série de etapas do processo que descrevem a produção de qualquer entrada no sistema energético. Primeiro, um produto específico é definido como o objeto da análise. Este produto alvo pode ser um bem ou um serviço. Em seguida, o processo é estudado para identificar todos os bens e serviços diretamente necessários à instalação para produzir o produto alvo.

A lista destes factores de produção inclui certos combustíveis (energia direta) e certos bens e serviços não energéticos de outros sectores. A energia direta é somada, enquanto cada fator de produção não energético é examinado mais detalhadamente para determinar os factores de produção energéticos e não energéticos necessários para o produzir.

Este processo continua a partir do produto-alvo através de cada fase do processo de produção. Cada fase sucessiva da análise identifica geralmente consumos de energia cada vez mais reduzidos, e todos estes consumos de energia são adicionados para obter a intensidade energética total do produto-alvo. A primeira entrada de energia é designada por necessidade de energia direta, sendo as restantes designadas por necessidade de energia indireta.

Uma análise de processos requer dados extensivos sobre a produção do produto-alvo e dados semelhantes (mas normalmente menos pormenorizados) sobre todos os inputs secundários, terciários e outros inputs não cortados. Para sectores de produção agregados, os dados são obtidos a partir de estatísticas governamentais sobre a atividade económica. Para os processos de produção individuais, a informação tem frequentemente de ser obtida diretamente junto dos produtores, associações comerciais e consultores.

Em princípio, a análise do processo avalia os valores energéticos dos inputs MUSE (materiais, utilidades, serviços e equipamento), produtos comuns (JP) e outros outputs (OO). A Figura 1.1 ilustra como deve ser efectuada uma análise completa do processo. Em primeiro lugar, determina-se o subsídio direto à energia, ou seja, as entradas de energia que não fazem parte da entrada principal de energia; em seguida, identificam-se os materiais, outras utilidades, serviços e equipamentos (MOUSE). Para calcular o valor energético destes MOUSE, pode ser construída uma cadeia de processos e adicionados os subsídios energéticos e os MOUSE da aproximação de segunda ordem. A Figura 1.1 mostra um diagrama esquemático de uma análise de processo.

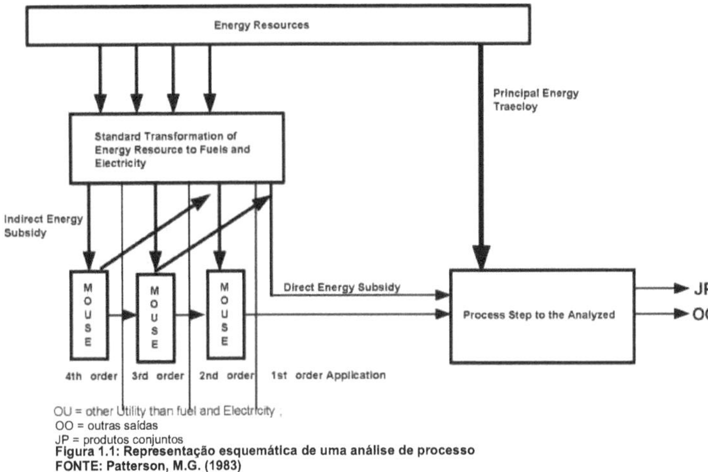

Figura 1.1: Representação esquemática de uma análise de processo
FONTE: Patterson, M.G. (1983)

1.1.2   <u>Método de entradas e saídas</u>

O outro método utilizado para determinar o conteúdo energético dos materiais, serviços, equipamentos e utilidades que não os combustíveis e a eletricidade é o método de análise das entradas-saídas. O método de análise das entradas-saídas é uma técnica de planeamento e modelização prospetiva utilizada na investigação económica desde a sua introdução por Leontief (1941) e adaptada à análise da intensidade energética e laboral (Herendeen e Bullard (1976)).

A análise input-output é uma técnica macroeconómica que utiliza dados económicos sectoriais para ter em conta todas as interdependências industriais inerentes à economia moderna. Uma análise de entradas-saídas (IOA) pode fornecer

1. Definições e representações da estrutura dos fluxos directos e indirectos entre as n-componentes de um sistema endógeno.

2. informações sobre a forma como os factores de produção directos exógenos e as exigências do sistema endógeno são direta e indiretamente ramificados através deste sistema, e

3. Informações sobre o tipo de condições de equilíbrio para a manutenção do sistema.

A IOA pode assumir várias formas: linear, não linear, aberta-fechada ou estática-dinâmica.

A energia incorporada pode ser estimada a partir de cálculos efectuados com base em matrizes que descrevem a estrutura económica de um país, combinadas com matrizes que contêm estatísticas sobre o consumo de energia.

Este estudo utiliza a abordagem da **análise energética input-output (IOEA)**, que é uma aplicação específica da análise económica input-output (IOA), para estimar a **intensidade do consumo de energia na** indústria do cimento na Nigéria.

1.1.3   O método de Análise Energética Input-Output (IOEA).

A IOEA é uma aplicação específica da análise económica input-output à análise da energia e da exergia. Foi desenvolvida na década de 1970 através do trabalho pioneiro de Wright (1974) e Bullard e Heredeen (1975), enquanto uma panorâmica do método de análise energética foi apresentada por Peet (1993). O objetivo da IOEA é calcular a intensidade energética. A intensidade energética de um sector económico indica a quantidade total de energia direta e indireta necessária para uma unidade de produção financeira nesse sector. O consumo direto de energia de um sector económico inclui a energia diretamente consumida no processo de produção desse sector. O consumo indireto de energia de um sector económico inclui toda a energia necessária para produzir e fornecer os bens e serviços utilizados no processo de produção. Estes bens e serviços incluem bens e serviços nacionais e estrangeiros, bem como bens de equipamento.

A estrutura do modelo de Análise Energética Input-Output (IOEA), uma grande rede linear, permanece a mesma para cada variável. Em primeiro lugar, a economia deve ser dividida em J sectores principais, cada um produzindo um bem ou serviço específico e identificado por um nó nas equações da rede. A figura 1.2 mostra os fluxos de energia que entram e saem de cada sector.

$$\sum \epsilon_i X_j + E_j = \epsilon_j X_j. \qquad (1.10)$$

$$\epsilon A + E = \epsilon X \qquad (1.11)$$

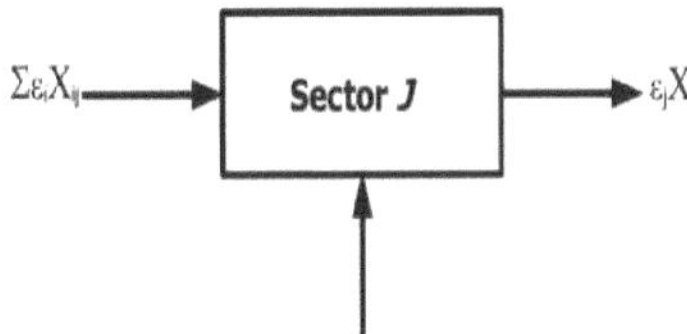

Figura 1.2: Balanço energético de um sector de produção

A energia "incorporada" na produção de outros sectores é representada à esquerda e pode ser expressa como *Ei Xij* Intensidade energética do produto *I (Ei)* multiplicada pela entrada do sector *i* no sector *j* (*Xij*). *A* energia contida na produção do sector está representada à direita e é expressa como o produto da energia por unidade de produção do sector J (*Gj*) multiplicada pela sua produção (**X** ⱼ). Se, na Figura 1.2, o sector J se refere ao sector da energia, uma quantidade diferente de zero *Ej* é retirada da Terra. A equação do balanço energético é então a

Na forma matricial, o balanço energético é

seguinte

Onde **X é** uma matriz diagonalizada das produções do sector. Este conjunto de n equações pode ser resolvido para as *n* incógnitas, G

1.4   <u>Análise energética</u>

A exergia é definida como a quantidade máxima de trabalho que pode ser produzida por um sistema ou fluxo de matéria ou energia quando este atinge o equilíbrio com um ambiente de referência. A exergia é uma medida do potencial do sistema ou fluxo para produzir uma mudança resultante do facto de não estar completamente em equilíbrio estável com o ambiente de referência. Ao contrário da energia, a exergia não está sujeita a uma lei de conservação (exceto no caso ideal), ou processos reversíveis). Pelo contrário, a exergia é consumida ou destruída em todos os processos reais devido às irreversibilidades.

A análise exergética é uma ferramenta que permite determinar a parte útil da energia que circula num sistema. A análise energética por si só pode muitas vezes ser enganadora, uma vez que a energia pode ser transformada em muitas formas de qualidade diferente. A energia não pode ser destruída, mas a exergia pode ser destruída se a qualidade da energia diminuir. A análise exergética de um sistema ajuda a identificar as principais fontes de perda e dá uma imagem mais exacta do desempenho em comparação com o ideal teórico.

A análise exergética é um método que utiliza os princípios de conservação da massa e da energia em conjunto com o LTS para analisar, projetar e melhorar sistemas de energia e outros. O método exergético é útil para promover o objetivo de uma utilização mais eficiente da energia e dos recursos, porque identifica onde, o quê e as verdadeiras ordens de grandeza dos desperdícios e perdas. Em geral, a análise exergética permite avaliar eficiências mais significativas do que a análise energética, porque as eficiências exergéticas são sempre uma medida aproximada da situação ideal. Por conseguinte, a análise exergética pode indicar se e em que medida é possível conceber sistemas energéticos mais eficientes, reduzindo as ineficiências dos sistemas existentes.

Para a análise exergética, o estado do ambiente de referência ou estado de referência deve ser totalmente especificado. Normalmente, isto é feito especificando a temperatura, a pressão e a composição química do ambiente de referência. Os resultados das análises exergéticas referem-se, por conseguinte, ao ambiente de referência especificado, que, na maioria das aplicações, é modelado com base no ambiente local efetivo (Rosen, et al. (1999)).

É importante sublinhar que a análise exergética pode levar a uma redução considerável do consumo de recursos naturais e da poluição, reduzindo as emissões de resíduos.

Neste estudo, a análise exergética foi utilizada para estimar o **rendimento** e a **taxa de poluição global** do processo de fabrico do cimento.

1.5 <u>Emissões de gases com efeito de estufa</u>

As emissões de gases com efeito de estufa na indústria cimenteira são o resultado da combustão de combustíveis fósseis durante o processo de produção e das reacções químicas que ocorrem durante a formação do clínquer, um produto intermédio da produção de cimento.

A produção de clínquer é a fase de maior intensidade energética da produção de cimento, sendo responsável por cerca de 70-80% do consumo total de energia (WEC, 1995). O clínquer é misturado com uma gama de aditivos para produzir diferentes tipos de cimento.

O principal gás com efeito de estufa emitido pela indústria cimenteira é o CO_2 (monóxido de carbono (IV)). A maioria das emissões de CO_2 relacionadas com a combustão depende, em parte, da utilização de um processo húmido ou seco para produzir clínquer e da intensidade de carbono do combustível utilizado no processo de produção. As emissões do processo de fabrico de cimento resultam de uma reação química em que o calcário é convertido em óxido de cálcio CaO e CO_2. A quantidade de emissões associadas ao processo de fabrico do cimento é proporcional ao teor de calcário do clínquer; as emissões são, por conseguinte, calculadas através da aplicação de um fator de emissão expresso em toneladas de CO_2 por tonelada de clínquer produzido.

Neste estudo, a estimativa da combustão e das emissões de CO_2 relacionadas com o processo da indústria de fabrico de cimento baseia-se nas orientações e na abordagem de referência do Painel Intergovernamental sobre Alterações Climáticas (IPCC) da Convenção-Quadro das Nações Unidas sobre Alterações Climáticas (CQNUAC) de 1996. A abordagem de referência do IPCC para estimar as emissões de CO_2 é um método de dispersão descendente baseado em estimativas agregadas do teor de carbono, valores caloríficos e eficiência de oxidação dos combustíveis utilizados, bem como em dados de produção total para o sector industrial em causa.

O método IPCC divide o cálculo das emissões de dióxido de carbono provenientes da combustão de combustíveis em seis fases:

Fase 1: Estimativa da combustão total de combustível nas unidades iniciais.

Fase 2: Conversão numa unidade de energia comum

Passo 3: Multiplicar pelos factores de emissão para calcular o teor de carbono.

Etapa 4: Cálculo do carbono armazenado.

Etapa 5: Correção para o carbono não oxidado

Fase 6: Transformação do carbono oxidado em emissões de CO_2.

O método do IPCC para estimar as emissões de CO_2 da produção de cimento envolve a aplicação de um fator de emissão, expresso em toneladas de CO_2 por tonelada de clínquer produzido, à produção anual de clínquer. O fator de emissão é o produto da quantidade de cal utilizada no clínquer de cimento e uma constante que reflecte a massa de CO_2 libertada por unidade de cal.

1.6   <u>Objectivos da investigação</u>

Os objectivos desta investigação são

(1) Determinar os balanços energéticos da indústria do cimento na Nigéria e indicar as diferentes fontes de energia utilizadas no processo de fabrico do cimento.

(2) Determinar o rácio entre o consumo de energia e a produção da indústria do cimento na Nigéria e o valor monetário por unidade de produção de cimento.

(3) Determinar o consumo de energia acumulado e a intensidade energética para a produção de uma unidade padrão de cimento.

(4) Determinação dos custos de energia para a produção de uma unidade padrão de cimento nas fábricas de cimento seleccionadas

(5) Determinação da eficiência do processo de conversão de energia na indústria cimenteira.

(6) Determinação das emissões cumulativas de gases com efeito de estufa provenientes da combustão de combustíveis e da transformação de materiais no processo de fabrico de cimento.

1.7 O âmbito da investigação

Este trabalho é um estudo aprofundado da utilização de energia na indústria do cimento na Nigéria. A Tabela 1.3 mostra as principais indústrias de cimento na Nigéria e a sua capacidade instalada, enquanto a Tabela 1.4 mostra a quota de mercado de cada fábrica no final de 2005.

Quadro 1.3: Estrutura do sector do cimento na Nigéria

Nome da empresa	Local de instalação	Data de entrada em funcionamento	Instalado Capacidade (t)
Nigerian cement plc (nigercem)	Nkalagu, Estado de Ebonyi	1957	600,000
África Ocidental Cimento plc (wapco)	1. Ewekoro, Estado de	1960	600,000
		1993	1,300,000
	2. Sagamu, Estado de Ogun	1978	1,000,000
Empresa de cimento Bendel	Okpella, Estado de Edo	1964	450,000
Empresa de Cimento Calabar	Calabar, Cross River Estado	1965	250,000
Cimenterie de Norte da Nigéria (ccnn)	Sokoto, Estado de Sokoto	1967	500,000
Ashaka cement plc	Ashaka, Estado de Gombe	1979	700,000
Benue cement plc	Gboko, Estado de Benue	1980	900,000
Fábrica de cimento Obajana	Obajana, Estado de Kogi	2007	5,000,000

<u>Fonte:</u> Nigerian Stock Exchange Investor's Guide (2000), Adeyemi, B (2007)

Quadro 1.4: Quota de mercado das empresas de cimento na Nigéria

Nome da empresa	Artigo principal Mercado	Utilização Capacidade (%)	Quota de mercado (%)
Wapco	Sudoeste	87	56
Ashaka cement plc	Nordeste	106	31
Benue cement plc	Norte Central	22	8
Ccnn	Noroeste	21	4
Nigéria Cimento plc	Sudeste	4	1
Bendel cement plc	Sul-Sul	0	0
Calabar Cement plc	Sul-Sul	0	0
Fábrica de Cimento Obajana	Norte - central	0	0
	Total		**100**

Estes quadros mostram que o sector do cimento na Nigéria é dominado pela WAPCO e pela Ashakacem Plc. Estas duas empresas eram responsáveis por mais de 87% da produção local de cimento no final de 2004 (US, Security and Exchange Commission, 2005). Em 2001, o grupo francês Lafarge adquiriu as duas fábricas da WAPCO e da Ashakacem Plc quando comprou a Blue Circle Industries Ltd, os antigos proprietários das fábricas de cimento, no âmbito do programa de privatização do governo federal nigeriano.

As instalações em causa são a fábrica de cimento Sagamu da WAPCO e a fábrica de cimento Ashaka.

Este estudo utiliza o modelo de Análise Energética Input-Output (IOEA) para determinar a intensidade energética cumulativa ou as necessidades energéticas da produção de cimento Portland na Nigéria. O foco está no processo de produção utilizado nas duas fábricas de cimento seleccionadas e é realizada uma análise comparativa do consumo de energia das fábricas de cimento de processo seco e húmido na Nigéria em comparação com fábricas semelhantes em algumas outras partes do mundo.

A análise exergética é então utilizada para estimar a eficiência da utilização de energia das duas instalações e a taxa de poluição global.

As directrizes de 1996 da Convenção-Quadro das Nações Unidas sobre Alterações Climáticas (CQNUAC) do IPCC são também utilizadas para estimar as emissões de gases com efeito de estufa provenientes da combustão de combustíveis e de outras emissões de processos em ambas as instalações.

1.8   Estrutura da tese

Este trabalho de investigação está dividido em seis partes. O primeiro capítulo apresenta uma introdução à investigação e à metodologia utilizada para responder às questões de investigação levantadas. O capítulo conclui com os objectivos da investigação e as definições dos vários termos energéticos utilizados no trabalho.

O capítulo dois apresenta uma visão global do processo de produção de cimento e da indústria cimenteira na Nigéria, as tendências actuais da indústria, o seu sistema de produção com particular ênfase no padrão de consumo de energia e as actuais limitações da indústria. O capítulo conclui identificando a área específica de investigação e a metodologia de investigação utilizada para recolher os dados energéticos relevantes dos locais de investigação.

O capítulo três analisa em pormenor a metodologia de investigação utilizada para este estudo. Este capítulo aborda mais pormenorizadamente o método IOEA, que é utilizado como ferramenta de análise energética para determinar a intensidade da energia incorporada. O capítulo também aborda a ferramenta de análise exergética, que é utilizada para determinar a eficiência do processo e a taxa global de poluição do processo de fabrico de cimento. O capítulo também destaca as directrizes do IPCC de 1996 e define as etapas e os procedimentos para estimar as emissões de gases com efeito de estufa da combustão e do processo das instalações de produção de cimento. O capítulo conclui com uma discussão sobre o método de contabilização energética relevante utilizado para estimar o custo energético da produção de uma unidade padrão de cimento.

O capítulo quatro apresenta e analisa os dados relativos à energia e à produção das duas fábricas. Foram analisadas e discutidas as tendências da produção de cimento, os padrões de utilização de energia, a eficiência energética, as emissões de CO2, os níveis de poluição e os custos energéticos da produção em ambas as fábricas, tendo sido igualmente efectuada uma análise comparativa das duas fábricas. Foi também efectuada uma comparação internacional.

O quinto capítulo examina a perspetiva internacional da produção global de cimento, centrando-se nas actuais tendências globais da natureza do processo de produção, na utilização de energia e nos esforços para reduzir as emissões globais de gases com efeito de estufa. O capítulo destaca as tendências na indústria cimenteira local e internacional e conclui com propostas de várias medidas e programas de eficiência energética que poderão ter um impacto positivo na indústria cimenteira local.

A conclusão do sexto capítulo salienta as principais conclusões da investigação e destaca o seu impacto no planeamento e utilização da energia e dos processos na indústria cimenteira. O capítulo termina com uma chamada de atenção para as limitações da investigação e sugestões para investigação futura.

1.9   Definições

O termo **energia primária** é utilizado para designar uma fonte de energia que se encontra na sua forma extractiva, isto é, com ou sem o material adjacente associado à sua extração, e antes de a energia incorporada nesta fonte ter sido transformada em calor ou trabalho mecânico ou antes de a forma da fonte de energia de base ter sido transformada por processos químicos ou mecânicos. Note-se também que a energia primária se refere apenas aos recursos que foram efetivamente extraídos e não aos recursos ainda presentes no subsolo, identificados ou não. A energia solar, o carvão, o petróleo, o gás natural, a biomassa (lenha) e a energia geotérmica são exemplos de energia primária.

O termo **energia secundária é** utilizado **para** todas as fontes de energia que já foram transformadas a partir do seu estado primário. Exemplos de energia secundária incluem a eletricidade, a gasolina, o gasóleo, a biomassa (carvão vegetal, biocombustíveis) e o coque de petróleo.

O termo "**combustíveis**" refere-se a fontes de energia primárias ou secundárias que têm de sofrer combustão ou decomposição para libertar a energia armazenada na fonte. Exemplos de combustíveis incluem o gás natural, a gasolina, o gasóleo, a lenha, o carvão vegetal e o fuelóleo liquefeito.

O termo **energia comercial refere-se à** energia que é transaccionada em mercados grandes, formais e bem organizados. Os combustíveis fósseis, a energia hidroelétrica e a energia nuclear pertencem a esta categoria. O termo **energia não comercial é** geralmente utilizado para designar formas de energia como a lenha, os resíduos de cana-de-açúcar (bagaço) e o estrume animal seco. Estas formas de energia entram por vezes no mercado comercial da energia nalguns países em desenvolvimento, onde estão disponíveis em grandes quantidades e representam a maior parte da oferta e do consumo total de energia primária nesses países (TPES & TPEC).

Outra designação para a chamada categoria de energia comercial é **energia moderna,** enquanto os chamados combustíveis não comerciais **são por** vezes designados por **combustíveis tradicionais.**

CAPÍTULO DOIS

REVISÃO DA LITERATURA

2.1 Panorama global e regional da indústria cimenteira.

O cimento é um produto mineral produzido industrialmente, um pó cinzento finamente moído, obtido através da transformação de uma mistura de matérias-primas cuja composição química é controlada com precisão. É um produto intermédio de construção que, quando combinado com água, areia, cascalho ou outros agregados, forma o betão, uma substância semelhante à pedra que é o material de construção mais utilizado no mundo. A principal utilização do cimento é o fabrico de betão e de produtos de betão; outras utilizações menos importantes do cimento são as argamassas ou os aditivos para a estabilização dos solos.

O cimento é um produto muito intensivo em energia, exigindo geralmente entre 3.200 e 5.500 MJ/tonelada de clínquer como combustível e entre 90 e 120 kWh/tonelada de energia eléctrica (CEMBUREAU, 1997a), dependendo do processo de fabrico específico. As fontes de energia primária numa fábrica de cimento são o petróleo, o carvão, o gás, o gás natural e o coque de petróleo, enquanto a fonte de energia secundária é o calor residual de uma fase do processo, que pode ser recuperado e utilizado noutra fase do processo.

A produção de cimento é uma das principais indústrias de matérias-primas minerais. Em 1995, a produção mundial de cimento foi de 1420 milhões de toneladas, aumentando para 1520 milhões de toneladas em 1998 (CEMBUREAU, 2001). A Tabela 2.1 mostra a produção mundial de cimento para os 15 principais países do mundo, que representam mais de 70% da produção mundial total, enquanto a Tabela 2.2 mostra a produção anual de cimento para os 15 principais países da região de África.

Quadro 2.1: Produção anual de cimento a nível mundial (15 principais países)

(milhares de toneladas métricas)

País	1993	1994	1995	1996	1997	1998	1999
China	367,880	421,180	475,910	491,190	511,730	513,500	520,000
Japão	88,046	91,624	90,474	94,492	91,938	81,328	80,000
Estados Unidos	75,117	79,353	78,320	80,818	84,255	85,522	87,300
Índia	53,812	57,000	62,000	75,000	80,000	85,000	87,000
Coreia, República da	47,313	50,730	55,130	58,434	60,317	46,791	55,000

Brasil	24,843	25,230	28,256	34,597	38,069	43,000	43,000
Alemanha	36,649	36,130	33,302	31,533	35,945	36,610	37,000
Turquia	31,241	29,493	33,153	35,214	36,035	38,200	37,000
Tailândia	26,870	29,900	34,900	38,600	37,309	30,000	34,000
Itália	33,771	32,713	33,715	33,327	33,721	35,000	35,000
Espanha	22,878	25,150	26,423	25,157	27,632	27,943	28,000
México	27,120	29,700	23,366	25,366	27,548	27,744	30,000
Rússia	49,900	37,200	36,500	27,800	26,700	26,000	27,000
Indonésia	18,934	21,907	23,129	25,000	27,500	22,000	25,000
Taiwan	23,971	22,722	22,478	21,537	21,522	19,538	21,000

FONTE: Sistema Global de Informação sobre Cimento (1999 - 2001) WWW.Marketplaceconstruction.com

Quadro 2.2: Produção regional anual de cimento (países africanos)

(15 países principais)

(milhares de toneladas métricas)

País	1993	1994	1995	1996	1997	1998	1999
Egipto	16,000	17,000	17,665	18,700	18,100	19,203	20,000
África do Sul	7,356	7,905	9,071	9,000	9,500	9,500	N.a
Argélia	6,400	6,060	6,822	6,900	7,000	7,800	N.a
Marrocos	6,350	6,350	6,401	6,585	7,184	7,200	N.a
Tunísia	4,269	4,606	4,938	4,567	4,431	4,590	N.a
Nigéria	3,200	2,627	2,602	2,545	2,520	2,700	N.a
Quénia	1,417	1,452	1,566	1,816	1,506	1,200	N.a
Gana	1,203	1,346	1,300	1,500	1,700	2,000	N.a
Zimbabué	1,000	1,070	968	1,000	1,100	1,100	N.a
Senegal	590	685	694	811	854	1,000	N.a
Etiópia	350	464	611	650	750	775	N.a

Costa do Marfim	500	1,100	1,000	1,000	1,100	650	N.a
Togo	350	286	440	413	421	565	N.a
Camarões	620	620	620	600	620	450	N.a
Benim	506	465	579	580	550	520	21,000

FONTE: Sistema Global de Informação sobre Cimento (1999 - 2001) WWW.Marketplaceconstruction.com

2.2 Matérias-primas para cimento

As principais matérias-primas do cimento são

1. Rocha calcária,

Em princípio, o calcário é composto principalmente por carbonato de cálcio ($CaCO_3$) e é extraído de formações sedimentares de origem marinha de praticamente todas as idades geológicas. O teor máximo permitido de óxido de magnésio (MgO) no cimento Portland é de 5%, pelo que o calcário com um elevado teor de MgO não é adequado para a produção de cimento.

2. Materiais não calcários

Os materiais necessários para a produção de clínquer são a sílica (SiO_2), a alumina (Al_2O_3) e o óxido de ferro (Fe_2O_3). A areia, o quartzito e o arenito provenientes de depósitos sedimentares são utilizados para manter a proporção correcta de sílica no calcário, mas a sílica sob a forma de silicato de alumínio é preferível ao quartzo; a bauxite é geralmente utilizada para cimentos com um elevado teor de alumina. A estaurolite e as escórias de alumínio são outras fontes de alumina. O minério de ferro é a principal fonte de óxido de ferro, seguido das escórias de pirite e das escamas de laminagem. A escória de alto-forno é utilizada não só pelo seu teor de sílica e alumina, mas também pelo seu teor de ferro. As cinzas volantes têm um interesse crescente como matéria-prima para a argila. Para além das matérias-primas utilizadas no fabrico do clínquer, o sulfato de cálcio ($CaSO_4$) sob a forma de gesso e anidrite é adicionado durante o processo de moagem do clínquer em quantidades até 5% para conferir propriedades de presa ao cimento acabado.

3. Pozzuolana

É uma mistura de cimento composta por um material silicioso ou um material que contém sílica e alumínio, que tem pouco ou nenhum valor cimentício em si mesmo. No entanto, em forma finamente dividida e na presença de humidade, esta mistura de cimento reage quimicamente com o hidróxido de cálcio a temperaturas normais para formar compostos com propriedades cimentícias. A cinza volante é um material pozolânico obtido pela indústria sob a forma de um resíduo finamente dividido de gases de combustão provenientes da combustão de carvão triturado ou pulverizado. As pozolanas naturais são materiais encontrados em certos tipos de diatomite, chert e xisto opalino, tufo, cinzas vulcânicas e pedra-pomes. Os pozolanos calcinados são produzidos através da calcinação da sílica natural ou da sílica de alumínio para ativar as propriedades pozolânicas. Os cimentos que contêm até 35% de pozolana são amplamente utilizados.

2.3   **Tipos de cimento.**

Os diferentes tipos de cimento fabricados são

1. **Clínquer**

^{0}É obtido por aquecimento num forno de uma mistura corretamente proporcionada de matérias-primas finamente moídas contendo carbonato de cálcio, sílica, alumina e, em geral, óxido de ferro, a uma temperatura de pelo menos 1450 C, na qual ocorre uma fusão parcial. Do ponto de vista químico, o clínquer é constituído por quatro fases principais com proporções variáveis de silicato tricálcico (C_3S), silicato dicálcico (C_2S), aluminato tricálcico (C_3A) e aluminoferrite tetracálcica (C_4AF), pequenas quantidades de sulfato de cálcio ($CaSO_4$) e geralmente, mas não necessariamente, magnésia (MgO), cal (CaO) e diversos álcalis, consoante as matérias-primas utilizadas e o tipo de cimento a produzir. O clínquer, cuja granulometria varia entre a de grãos de areia fina e a de uma noz, é moído com uma pequena quantidade de sulfato de cálcio, geralmente gesso ou anidrite (2% a 5%), para produzir cimento Portland.

2. **Cimento Portland**

É produzido através da moagem de clínquer, que é essencialmente composto por silicatos hidráulicos de cálcio e contém geralmente uma ou mais formas de sulfato de cálcio em mistura. A especificação ASTM C150 inclui cinco tipos de cimento Portland, baseados principalmente nas proporções de C_3S, C_2S e C_3A no cimento.

3. **Cimento branco**

É fabricado a partir de materiais não ferrosos excecionalmente puros, geralmente calcário, caulino ou caulino e sílica. O clínquer é cozido num forno com uma chama redutora e rapidamente extinto com água para manter o ferro no seu estado ferroso e evitar qualquer descoloração pelo ferro férrico. Além disso, o clínquer é moído com gesso branco de elevada pureza, utilizando bolas e revestimentos cerâmicos em moinhos. O cimento branco cumpre as especificações do cimento Portland para diferentes tipos e é utilizado para betão decorativo, como terrazzo, marcas rodoviárias e betão arquitetónico.

4. Cimento de alvenaria

É um cimento hidráulico para utilização em argamassas para a construção de paredes, contendo um ou mais dos seguintes materiais: cimento Portland, cimento Portland pozolânico, cimento de escórias ou cal hidráulica, geralmente com cal hidratada, calcário, giz, ardósia calcária, talco, escória ou argila, misturados para aumentar a plasticidade.

5. Cimento de escória de alto-forno Portland

É essencialmente uma mistura intimamente moída de clínquer de cimento Portland e escória granulada ou uma mistura íntima e homogénea de cimento Portland e escória de granulação fina, em que a proporção de escória granulada se situa entre 25% e 65% do peso total da mistura de cimento. O cimento Portland tipo I S com escória granulada destina-se à construção geral de betão.

6. Cimento Portland - Pozolânico

É uma mistura íntima e homogénea de cimento Portland ou cimento metalúrgico Portland e pozolana, obtida pela moagem de clínquer de cimento Portland e pozolana, pela mistura de cimento Portland ou cimento metalúrgico Portland e pozolana finamente dividida ou por uma combinação de moagem e mistura, sendo a proporção do componente pozolana entre 15% e 40% do peso total do cimento misturado. O cimento de pozolana Portland tipo I P destina-se a ser utilizado na construção de betão em geral e o tipo P destina-se a ser utilizado na construção de betão onde não é necessária uma elevada resistência inicial.

7. Cimento Portland modificado com pozolana

Os componentes deste cimento são os mesmos que os do cimento Portland pozolânico, e os métodos de fabrico são também os mesmos. No entanto, os componentes pozolânicos representam menos de 15% do peso total da mistura de cimento. O cimento Portland tipo I (PM) modificado com pozolana destina-se à construção geral de betão.

8. Cimento de escória

Trata-se de um material finamente moído, constituído essencialmente por uma mistura íntima e homogénea de escória granulada de alto-forno e cal hidratada, representando a escória pelo menos 60% do peso total da mistura de cimento. A escória granulada do tipo S destina-se a ser utilizada em combinação com cimento Portland no fabrico de betão e em combinação com cal hidratada no fabrico de argamassa de alvenaria.

9. Cimento para poços de petróleo

[20]Este cimento foi concebido para selar poços de petróleo e gás a pressões até 124 MN/m e temperaturas até 180 C. Pode ser utilizado em poços de petróleo e de gás. Estes cimentos

devem permanecer líquidos durante cerca de 4 horas e depois endurecem rapidamente. O tempo de endurecimento é controlado reduzindo o C3A a quase zero ou adicionando retardadores como amido ou produtos de celulose, açúcares e ácidos ou sais ácidos contendo um ou mais grupos hidroxilo ao cimento Portland.

10. Cimento expansível

Este cimento tende a aumentar de volume após a presa, durante a fase inicial de endurecimento, devido à formação de substâncias químicas, como o sulfoaluminato de cálcio hidratado, que provocam uma expansão igual ou superior à contração que normalmente ocorre durante o processo de endurecimento.

11. Definir - Definir o cimento

Este cimento tem um tempo de presa que pode ser controlado de alguns minutos a 30 minutos ou mais. O cimento Portland modificado de endurecimento rápido desenvolve resistências iniciais muito elevadas. As aplicações promissoras incluem a renovação de superfícies de estradas e pavimentos, a reparação de danos subaquáticos, o fabrico de tubos e blocos de betão e de elementos pré-fabricados pré-esforçados, bem como a utilização na construção de formas deslizantes.

12. Cimento aluminoso fundido

Por vezes designado por cimento de alumina, cimento de alumina fundida ou "cimento fundido", é um cimento hidráulico não portland que contém aluminato monocálcico (CaO Al2 O3 ou CA) como composto cimentício predominante e endurece tão rapidamente como o cimento Portland, mas endurece muito rapidamente e atinge uma elevada resistência em 24 horas. [00]Os cimentos de alumina são fabricados principalmente a partir de bauxite e calcário relativamente puros, com um teor muito baixo de sílica e magnésia, numa gama de temperaturas entre 145 e 160 C. As aplicações específicas dos cimentos aluminosos baseiam-se no seu endurecimento rápido, na sua resistência à ação dos sulfatos e nas suas propriedades refractárias quando utilizados como "material refratário fundível" e como argamassa para fornos e estufas.

13. Betão

É uma mistura proporcionada de agregados minerais inertes de areia e cascalho ou brita. O betão é ligado numa massa monolítica por uma pasta de cimento hidráulico e água, quando o ligante endurece sob a ação química do cimento e da água. Uma mistura de cimento, água e agregados finos é designada por argamassa; o betão também contém agregados grossos.

A Nigéria produz principalmente cimento Portland.

2.4   O processo de fabrico do cimento

As principais fases de fabrico do cimento Portland são as seguintes

    (i)   Carreiras

    (ii)   Trituração de calcário e enchimento de pedra bruta

    (iii)   Fresagem em bruto

    (iv)   Produção de clínquer

    (v)   Moagem de cimento

    (vi)   Enchimento e embalagem

2.4.1 Exploração de pedreiras

As matérias-primas para a indústria do cimento são geralmente extraídas em grande escala de minas ou pedreiras a céu aberto. O método de extração mais difundido baseia-se na técnica convencional de bancada, em que o material é extraído do depósito em várias bancadas sobrepostas ("tiers") com alturas de extração predefinidas.

A perfuração e a explosão continuam a ser a combinação preferida para a extração do material, ou seja, para o destacar da parede da pedreira e para o triturar. A detonação de grandes furos (por vezes designada por detonação de furos) é o método de extração predominante para destacar a superfície da rocha. Este método permite que grandes massas de rocha adequadas para carregamento sejam retiradas da face, tendo em conta a disposição da pedreira e a sequência de extração planeada, evitando fortes vibrações do solo e exigindo apenas uma pequena proporção de explosões secundárias para esmagar os fragmentos sobredimensionados. A definição de furos para desmonte de grande diâmetro está ligada à legislação aplicável em matéria de prevenção de acidentes e refere-se a furos com mais de 12 m de profundidade e entre 60 e 105 mm de diâmetro.

Na maioria dos casos, os furos de grande diâmetro são efectuados em linha, paralelamente à inclinação da parede da pedreira. [00]A inclinação mais favorável situa-se entre 70 e 80 . Para garantir a escavação correcta da face de trabalho, os furos são geralmente realizados a uma curta distância abaixo do nível do chão da pedreira (subperfuração).

Há uma série de variantes possíveis de detonação de grandes furos, que vão desde a detonação de uma ou várias filas, com ou sem pré-perfuração, até à detonação de superfície. A escolha do método de desmonte e, em particular, o número de filas de furos de desmonte, depende das propriedades da rocha e dos efeitos de agitação toleráveis.

Na extração de matérias-primas para a indústria do cimento, há uma tendência para a utilização de explosivos ANC (nitrato de amónio-carbono; também ANFO = óleo de aquecimento de nitrato de amónio) de baixo custo. Estes explosivos estão a substituir os explosivos gelatinosos mais caros (gelatina, gelignite), que são agora utilizados principalmente como cargas de escorva para acionar o explosivo ANC de ação mais lenta; no entanto, continuam a ser comuns em explosões secundárias, ou seja, na fragmentação adicional de blocos de rocha de grandes dimensões através de perfurações e explosões individuais. Outra razão para a rápida disseminação dos explosivos ANC é o facto de serem muito seguros de manusear e poderem ser transportados em camiões misturadores/carregadores especiais para o local de extração.

A mistura explosiva propriamente dita, composta por nitrato de amónio e gasóleo, é fabricada "no local" no camião e bombeada para os furos de detonação através de uma mangueira; também pode ser introduzida nos furos utilizando dispositivos especiais de carregamento pneumático. A taxa de enchimento e, por conseguinte, a eficiência da carga do furo de explosão, depende não só da densidade do explosivo, mas também dos furos de explosão e dos diâmetros dos cartuchos utilizados, ou se o explosivo é utilizado a granel. Este facto é geralmente tido em conta no cálculo da quantidade de explosivo em kg por metro linear de furo de desmonte. A taxa de enchimento é de cerca de 70% para explosivos em pó em cartuchos, cerca de 90% para explosivos em pasta ou gelatina e cerca de 100% se os explosivos forem utilizados a granel.

O Quadro 2.3 apresenta a carga em kg por metro linear de furo de desmonte em função da taxa de enchimento e do diâmetro do furo para explosivos de diferentes densidades.

Quadro 2.3: Carga em kg por furo de desmonte linear em função do enchimento e do diâmetro do furo para explosivos de diferentes densidades mm Diâmetro do furo de desmonte

	40	50	60	65	70	75	80	85	90	95	100	105	110	120	150
		Kg de explosivos ANC						Uma densidade aparente de cerca de 0,9							
100	1.1	1.8	2.5	3.0	3.5	4.0	4.5	5.1	5.7	6.4	7.1	7.8	8.6	10.2	15.9
		Kg de explosivos de nitrato de amónio, explosivos ANC								Em forma de cartucho Densidade aprox. 1,0					
100	1.3	2.0	2.8	3.3	3.9	4.4	5.0	5.7	6.4	7.1	7.9	8.7	9.5	11.3	17.3
Vis itar 90	1.1	1.8	2.5	3.0	3.5	4.0	4.5	5.1	5.7	6.4	7.1	7.8	8.6	10.2	15.9
C 80	1.0	1.6	2.3	2.7	3.1	3.5	4.0	4.5	5.1	5.7	6.3	6.9	7.0	9.0	14.1
70	0.9	1.4	2.0	2.3	2.7	3.1	3.5	4.0	4.5	5.0	5.5	6.1	6.7	7.9	12.4
D 60	0.8	1.2	1.7	2.0	2.3	2.7	3.0	3.4	3.8	4.3	4.7	5.2	5.3	6.8	10.6

Q	40	50	60	65	70	75	80	85	90	95	100	105	110	120	150
100	1.9	3.0	4.2	5.0	5.8	6.6	7.5	8.5	9.5	10.6	11.8	13.0	14.3	17.0	26.5
90	1.7	2.7	3.8	4.5	5.2	6.0	6.8	7.7	8.6	9.6	10.6	11.7	12.8	15.3	23.9
80	1.5	2.4	3.4	4.0	4.6	5.3	6.0	6.8	7.6	8.5	9.4	10.4	11.4	13.6	21.2
70	1.3	2.1	3.0	3.5	4.0	4.6	5.3	6.0	6.7	7.4	8.2	9.1	10.0	11.9	18.6
60	1.1	1.8	2.5	3.0	3.5	4.0	4.5	5.1	5.7	6.4	7.1	7.8	8.6	10.2	15.2

Q: Kg de explosivo gelatinoso de nitrato de amónio, suspenso em / Forma de cartucho, densidade aprox. 1,5

Mm Diâmetro do furo de desmonte

Fonte: Schubert; H (1980) Gewinnung des Rohmaterials; in <u>Manuel des fabricants de ciment</u>

Por razões de segurança, as cargas explosivas só são inflamadas por detonação eléctrica. Para este efeito, estão disponíveis detonadores com diferentes sensibilidades. São fabricados sob a forma de detonadores instantâneos ou de detonadores retardados, sendo estes últimos detonadores normais (geralmente meio segundo) ou detonadores com um atraso de alguns milissegundos.

Nenhum processo de extração mineira pode evitar totalmente a formação de uma certa proporção de fragmentos de rocha sobredimensionados (blocos irregulares), embora seja frequentemente possível reduzir esta proporção ao mínimo através da escolha de um processo de extração mineira adequado. Estas peças sobredimensionadas têm de ser posteriormente britadas, caso contrário dificultarão o carregamento, o transporte e a britagem. A dimensão máxima dos fragmentos de rocha que pode ser tolerada depende da dimensão e da capacidade da instalação de transporte e de britagem utilizada na pedreira.

A fragmentação dos pedregulhos é geralmente efectuada por meio de jato de areia (jato secundário), uma vez que este processo produz quase sempre um fragmento adequado, independentemente do tipo de rocha. A fragmentação é geralmente efectuada através da abertura de furos de pequeno diâmetro, a uma profundidade ligeiramente superior ao diâmetro da rocha. Estes são preenchidos com 60-90g de explosivo por m^3 de rocha, comprimidos e preparados eletricamente.

Outro método de detonação secundária é conhecido como "mudcapping" ou "plaster blasting". [3]Neste caso, é utilizada uma quantidade muito maior de explosivo do tipo gelatina, que se caracteriza por uma elevada velocidade de detonação (250 - 500 g/m). O explosivo é simplesmente aplicado na superfície do bloco de rocha, bem cravado e inflamado. Esta técnica tem o inconveniente de ser muito ruidosa (incómoda para o ambiente) e muitas vezes pouco económica, pelo que tende a ser abandonada.

A fragmentação secundária utilizando métodos mecânicos em vez de explosivos é uma tendência em rápido crescimento. Estes métodos baseiam-se quer no efeito de percussão de um peso pesado em queda, quer no estilhaçamento do bloco de rocha utilizando martelos pneumáticos ou hidráulicos. O sucesso destes métodos depende em grande medida da dureza e da tenacidade da rocha, do substrato em que assenta o bloco de rocha e da dimensão e potência do equipamento mecânico utilizado.

2.4.2 Trituração de calcário e armazenamento de pedra bruta

O material rochoso sólido extraído do seu depósito natural por detonação forma um bloco de rocha grosseiramente triturado que deve ser reduzido a um pó fino a fim de produzir uma mistura homogénea que possa ser rapidamente transformada em clínquer homogéneo sem cal livre no forno. A trituração da matéria-prima é geralmente efectuada em, pelo menos, duas fases principais: trituração (pré-trituração) e moagem (trituração fina).

$$D_{crusher} = \frac{D_{kiln} \times V_{R/C} \times t_{kiln}}{24 \times t_{crusher} \times (1 - f/100)} \qquad \ldots\ldots 2.1$$

Em geral, a moagem refere-se ao processo de redução do material a uma dimensão de partícula adequada como matéria-prima para a fase principal seguinte, a moagem. A moagem refere-se à redução do tamanho das partículas para um valor entre cerca de 80 e 20 mm. Este produto moído é reduzido por moagem a uma finura inferior a 0,2 mm.

O teor de humidade do material rochoso sólido é um fator importante na escolha da dimensão da máquina de trituração e dos métodos de processamento do material. Os materiais duros, que provocam um elevado desgaste abrasivo, s o triturados com mµquinas de baixa velocidade, como as britadeiras de maxilas e as britadeiras giratórias, que exercem principalmente press Para os materiais de dureza mØdia a dura, os trituradores de impacto e os trituradores de martelo sªo os mais adequados, uma vez que esmagam principalmente por impacto. Estes trituradores s o alimentados principalmente por eletricidade.

A capacidade nominal do triturador é determinada pelo caudal de material necessário e pelo tempo de funcionamento possível da instalação de trituração. O rendimento necessµrio do triturador pode ser calculado atravØs da seguinte fórmula: *onde :*

$D_{crusher}$ - Capacidade do triturador $(t/hora)$

$_{ki}D$ - Capacidade do forno (t/dia)

$_{RC}V/$ - Relação entre a matéria-prima e o triturador (kg/kg) f - Teor de humidade natural da matéria-prima $(\%)$ $_{ki}$ Tempo de trabalho do forno por semana $(horas)$ $_{tcrusher}$ - *Tempo de trabalho* do triturador por semana $(horas)$

O calcário triturado é armazenado para reduzir as variações diárias das propriedades químicas da matéria-prima e para fornecer um stock de reserva (como uma reserva semanal do forno, utilizada entre operações intermitentes de extração e trituração) para a trituração contínua da matéria-prima. Outro passo na fase de aquisição é a mistura de dois ou mais materiais para obter as propriedades desejadas.

2.4.3 <u>Moagem em bruto</u>

O armazenamento é seguido de trituração bruta, durante a qual a matéria-prima é reduzida a um pó suficientemente fino (até 15% de resíduos num peneiro de 90 mm) para ser queimada num forno.

A matéria-prima utilizada para o fabrico do cimento tem um teor de CaCO3 de cerca de 74 a 79% em peso; este calcário contém por vezes também uma certa quantidade de dolomite.

CaMg (co3)2, introduzindo assim óxido de magnésio (MgO) na matéria-prima. Se o teor de MgO exceder aproximadamente 5% em peso, é de esperar uma expansão da magnésia. Os óxidos sio3, Al2O3 e Fe2O3 são geralmente fornecidos por um componente argiloso, ou seja, uma argila ou material relacionado (argila, marga, marga argilosa). Por vezes, são também utilizadas matérias-primas que contêm areia, por exemplo, marga arenosa ou calcário arenoso. Em alguns casos, estes componentes podem conter concentrações nocivas de álcalis (k2o, Na2o), sulfatos (por exemplo, gesso CaSO4 2H2o; os sulfatos são geralmente contabilizados como so3) e, mais raramente, cloretos. Estas substâncias podem complicar o processo de cozedura, nomeadamente reforçando os processos cíclicos e a formação de depósitos no sistema do forno. As argilas têm também uma grande influência nas propriedades de paletização ou de nodulação das farinhas brutas e nas necessidades de água das escórias brutas no processo de fabrico de cimento por via húmida.

Se não for possível obter a composição química desejada da mistura crua com os dois únicos componentes de matérias-primas acima referidos, devem ser adicionadas à mistura quantidades relativamente pequenas de ingredientes de correção. Estes devem conter os óxidos necessários - que estão em falta nas matérias-primas principais - numa concentração relativamente elevada. Ao mesmo tempo, não devem conter quantidades significativas de óxidos nocivos (por exemplo, MgO ou k2o). Por conseguinte, são utilizados para ajustar a composição química da mistura crua e melhorar a sua adequação à sinterização.

Estes ingredientes correctivos podem incluir areia (para aumentar a sílica), óxido de ferro ou bauxite (para aumentar o óxido de alumínio, particularmente para tipos específicos de cimento) e terra de porcelana (para reduzir o teor de ferro no cimento branco). O fluoreto de cálcio e o sulfato de cálcio são úteis para baixar a temperatura necessária para uma combinação específica de matérias-primas e podem conduzir a uma melhor qualidade. O gesso é adicionado para retardar a solidificação do produto final, enquanto a escória de alto-forno em pó pode ser utilizada como diluente para reduzir o consumo de combustível no processo de fabrico.

Na moagem em bruto, as matérias-primas e os aditivos que corrigem a composição são secos e misturados de forma intermitente. Existem vários sistemas de moagem em bruto, cuja escolha depende do teor de humidade da matéria-prima:

1. O moinho de bolas de fluxo de ar seca materiais com um teor de humidade até 8%. Utiliza os gases de escape quentes do forno e o calor gerado pelo processo de moagem, bem como o calor do forno auxiliar, para secar os materiais.

2. O moinho de descarga central semi-aerado seca os materiais numa câmara ligada e pode processar materiais com um teor de humidade até 12%.

3. O moinho de bolas sem ar seca os materiais no separador, mas não é adequado para materiais com um teor de humidade superior a 15%.

4. O moinho de martelos Taden - moinho de bolas seca matérias-primas com um teor de humidade até 12%. A secagem é efectuada no moinho de martelos. São utilizados gases de escape quentes do forno ou de um forno auxiliar.

5. O triturador vertical com fusos ou rolos de anel pode processar matérias-primas até 125 mm com um teor de humidade de 15%.

2.4.3.1 Dosagem e análise da mistura crua

Para produzir cimento, é necessário ter ou produzir misturas de matérias-primas cuja composição química esteja dentro de certos limites. O Quadro 2.4 apresenta os valores-limite para a composição química das matérias-primas do cimento.

A produção contínua de cimento de qualidade só é possível se a mistura crua tiver uma composição óptima e se, além disso, as variações nesta composição se mantiverem dentro de uma gama tão estreita quanto possível. Os valores limite indicados no Quadro 2.4 aplicam-se à produção de cimento em geral, ou seja, a todos os tipos de fábricas de cimento. Dentro de uma dada fábrica, as variações devem ser muito menores.

$$HM = \frac{CaO}{SiO_2 + Al_2O_3 + Fe_2O_3} \qquad (2.2)$$

Quadro 2.4: Valores-limite para a composição química da farinha crua de cimento (após recozimento)

Óxido	Valores-limite (M %)	Teor (M %)
Cao	60 - 90	65
SiO2	18 - 24	21
Al2O3	4 - 8	6
Fe2O3	1 - 8	5
MgO	< 5.0	2
K2O, Na2O	< 2.0	1
SO3	< 3.0	1

Na prática, a composição da matéria-prima (e também a do clínquer) é geralmente caracterizada por proporções específicas, frequentemente designadas por "módulos". Trata-se de fórmulas de dosagem nas quais são introduzidas as proporções dos diferentes óxidos determinadas por análise química.

Para calcular o teor ótimo de cal da mistura, podemos utilizar o chamado **módulo hidráulico**, que é expresso pela seguinte fórmula :

Um teor elevado de cal (CaO) permite a formação de mais fases de clínquer ricas em cal, que apresentam as propriedades mais favoráveis (nomeadamente em termos de desenvolvimento da resistência), durante o processo de cozedura, desde que todo o CaO esteja associado aos outros três componentes principais dos óxidos (SiO2, Al2O3 e Fe2O3). O objetivo das fórmulas de dosagem é fornecer um meio de calcular a proporção máxima de cal que pode ser associada a estes óxidos ácidos

Atualmente, porém, o **módulo hidráulico** foi em grande parte substituído pelo módulo hidráulico.

fator de saturação do calcário (LSF). A sua fórmula é a seguinte

$$= \frac{FPS\ cu\ _{lf}}{2,8(\,SiO2\,) + 1,2(\,Al_2O_3\,) + 0,65(\,Fe_2O_3\,)}$$

O LSF é uma forma de descrever a capacidade dos outros elementos principais para consumir totalmente a cal. Fornece um critério para determinar o teor ótimo de cal. Exprime o teor real de CaO da matéria-prima como uma percentagem do teor máximo de CaO que pode ser fixado pelos óxidos ácidos (SiO_2, Al_2O_3, Fe_2O_3) nas fases mais ricas em calcário do clínquer em condições técnicas de cozedura e arrefecimento.

Um FPS entre 95 e 96% é considerado como a referência para o melhor efeito na qualidade da carga do forno; mantendo-se todos os outros factores iguais, um FPS mais elevado resulta numa menor inflamabilidade, ou seja, torna-se difícil de queimar. Os outros efeitos de um SPF elevado ou baixo são resumidos a seguir:

LSF

95 - 96

Combustibilidade melhoradaCombustibilidade melhorada

Queimadura duraAumento da   cal livre

Má moagem no moinho de cimento Aumento do consumo de combustível

Redução do consumo de combustívelAumento do   consumo de refractários

Desempenho melhoradoMoldagem melhorada

Redução do desenvolvimento da forçaRedução do desempenho

A **razão de sílica (SR)** (ou módulo de sílica) é a razão entre a sílica (SiO_2) e a soma do óxido de alumínio (Al_2O_3) e do óxido de ferro (Fe_2O_3). É expressa da seguinte forma:

$$SR = \frac{SiO_2}{Al_2O_3 + Fe_2O_3} \qquad (2.4)$$

$$AR = \frac{Al_2O_3}{Fe_2O_3} \qquad (2.5)$$

Este rácio caracteriza a relação sólido/líquido durante a sinterização do material, uma vez que, à temperatura de sinterização, o SiO2 está principalmente presente nas fases sólidas (alite e belite), enquanto os outros dois óxidos estão presentes na fase líquida (fundido). No cimento industrial, o RS situa-se geralmente entre 1,8 e 3,0; no entanto, toma-se como referência um RS de 2,5, uma vez que este RS proporciona geralmente um compromisso com resultados vantajosos. O RS da matéria-prima tem um impacto na qualidade, quantidade e custo do clínquer produzido, como se mostra de seguida:

SR

2.5 ▶

Inflamabilidade melhorada	Maior dificuldade durante a incineração
Pavimento sobrelevado	aumento do consumo de combustível
Aumento do risco de formação de anéis	Temperatura elevada da zona de cozedura
Redução do consumo de combustível	Aumento do consumo de refractários
Desempenho melhorado	Melhoria da capacidade de moagem
Redução da resistência do cimento	maior resistência do cimento
Reduzida capacidade de trituração	Desempenho reduzido.

O rácio de alumina (AR) (ou módulo de ferro) define a proporção de alumina em relação ao ferro, como se mostra abaixo:

Como estes dois óxidos estão quase inteiramente presentes na fase líquida à temperatura do clínquer, esta relação caracteriza a composição desta fase. Para o cimento industrial, esta relação situa-se geralmente entre 1,3 e 4,0, mas os efeitos mais favoráveis sobre a carga do forno obtêm-se com relações entre 1,4 e 1,6. Quanto mais elevada for a relação, mais difícil será a combustão, menor será a potência e maior será o consumo de eletricidade do forno. O ferro tem uma influência favorável na velocidade de reação entre a cal e a sílica. Em igualdade de circunstâncias, um teor de ferro mais elevado significa uma cozedura mais fácil. Os outros efeitos de uma diminuição ou aumento do AR são apresentados de seguida:

AR 1.4 - 1.6

Redução do revestimento no fornoAumento do	revestimento
Aumento da inflamabilidade	
	Reforço do ataque químico aos azulejos
Desenvolvimento reduzido da força	

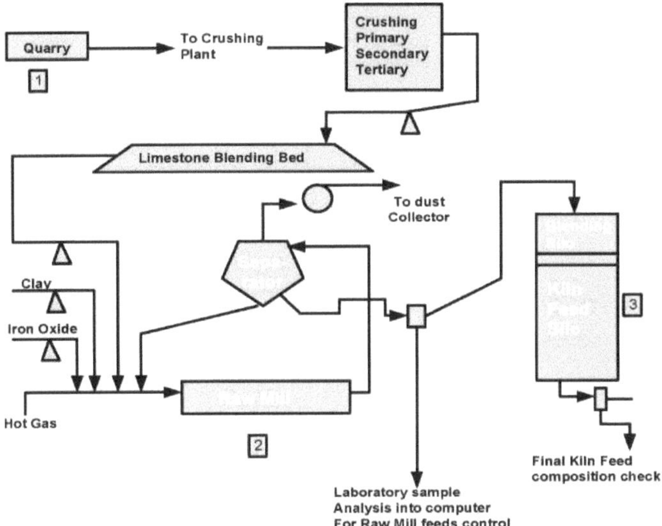

Figura 2.1: mostra a extração, a mistura e a moagem em bruto durante o fabrico do cimento (fases 1 - 3).

2.4.4 Produção de clínquer

Depois de as matérias-primas terem sido misturadas, o tratamento térmico é efectuado num forno para produzir clínquer (por vezes, os materiais passam primeiro por um pré-aquecedor). O processo de queima da farinha crua no forno para produzir clínquer é chamado de processo de pirólise. A pirólise é o processo mais importante na produção de cimento porque :

1. O consumo de combustível é o fator de custo mais importante neste processo.

2. A capacidade de uma instalação é calculada com base na potência do forno e no número de fornos.

3. A resistência e outras propriedades do cimento dependem da qualidade do clínquer produzido.

Existem também quatro classes de tratamento térmico no forno: seco, húmido, semi-húmido e semi-seco.

O forno é cilíndrico e ligeiramente inclinado em relação à horizontal e roda a uma velocidade de cerca de 1 a 4 rpm. O material sólido rola em direção ao fundo do forno e é agitado por ciclones de produtos de combustão de uma chama de gás, óleo ou carvão pulverizado na extremidade inferior. O forno é geralmente revestido com material refratário nas zonas quentes, com uma grande quantidade de tijolos para isolamento. A extremidade posterior da zona de corrente num forno de processo húmido não é normalmente revestida.

[00]Os processos que ocorrem no forno são a evaporação da água, a decomposição térmica dos minerais de argila (a 300 - [6500] C) e da calcite (800 - [9500] C), a formação de um líquido (a cerca de 1250 C) e, finalmente, a formação de clínquer (a mais de 1400 C). O clínquer sai do forno e passa para um refrigerador onde é arrefecido por uma corrente de ar convectiva até um nível adequado para processamento e moagem posteriores.

O calor é recuperado e reintroduzido no forno como ar de combustão secundário. Outros gases recuperados do pré-aquecedor de lamas (SP) e do pré-calcinador (discutidos no processo de secagem) e dos arrefecedores são utilizados como ar de combustão primária no forno; o ar em excesso do arrefecedor é purificado e ventilado para a atmosfera.

Na indústria do cimento são utilizados dois tipos de fornos: Os fornos verticais <u>ou de cuba</u> (que representam apenas 5% da produção mundial) e <u>os fornos rotativos</u>. Os fornos verticais são geralmente eficazes apenas para capacidades até 100.000 toneladas por ano, enquanto os fornos rotativos são eficazes para capacidades muito superiores a um milhão de toneladas. Os fornos rotativos podem ser utilizados tanto para processos húmidos como secos, enquanto os fornos verticais só são adequados para processos secos.

O conjunto pré-calcinador, SP, forno rotativo e refrigerador é geralmente hermeticamente fechado, uma vez que funciona sob um ligeiro vácuo. Isto impede a filtragem do ar (que reduz a eficiência do sistema) e as emissões de poeiras.

2.4.4.1 **O processo de secagem** *:*

O processo seco é geralmente reconhecido como o melhor. A farinha pulverizada e misturada, com um teor de humidade de cerca de 0,5%, é primeiramente introduzida no SP, um sistema de ciclones ou dispositivos semelhantes, onde é recirculada e aquecida por uma mistura de contracorrente e corrente contínua dos gases de escape do forno. Este sistema é constituído por uma a cinco bandas de ciclones, em função dos cálculos de balanço energético efectuados durante a fase de conceção. [0]O gradiente de temperatura entre a entrada de sólidos e a saída de gases é de 50 a 70 ℃ (para os sólidos) e de 350 a 1200 °C (para os gases).

[0]Se cerca de metade ou mais de todo o combustível for queimado dentro ou sob o sistema SP e fora do próprio forno, este é conhecido como um pré-calcinador; neste caso, a temperatura do material que entra no forno pode ser superior a 900 C.

O pré-calcinador representa uma fase intermédia em que uma proporção significativa (até dois terços) da procura total de combustível é fornecida à mistura crua antes de esta entrar no forno. Num sistema de pré-aquecimento convencional, 50% da transferência de calor ocorre no pré-aquecedor, e a mistura crua entra no forno com 20-30% de descarbonização. A adição de pré-calcinação aumenta a descarbonização para 85-90%, permitindo alcançar uma maior capacidade de forno para determinadas dimensões de forno, ou reduzir o volume de forno necessário até 50% numa nova instalação. Uma vez que uma proporção significativa do combustível é queimada fora do forno, os sistemas de pré-calcinação têm a grande vantagem de poderem utilizar combustíveis de qualidade inferior. Outros benefícios citados para os sistemas de pré-calcinação incluem a melhoria da vida útil do revestimento do forno, a redução da formação de álcalis e sulfatos, a melhoria do controlo e da estabilidade do forno, um desvio de álcalis mais eficiente e a redução das emissões de poeiras.

2.4.4.2 <u>O processo húmido</u> :

O material introduzido no forno pelo processo húmido tem geralmente um teor de humidade de cerca de 30-40% e contém agentes defloculantes para facilitar a bombagem. O teor mínimo de humidade da lama é determinado pela viscosidade máxima permitida para uma bombagem eficaz da lama.

A alimentação de lamas é bombeada diretamente para a parte superior ou posterior do forno, que tem normalmente cerca de 6 metros de diâmetro e cerca de 200 metros de comprimento. Na zona de secagem, perto da extremidade traseira do forno, estão suspensas correntes de aço para transferir o calor dos gases quentes para a lama húmida. No final do sistema de correntes, a lama forma tubérculos, que são secos e parcialmente descarbonizados antes de serem enviados para fora da zona. No resto do forno, o material é ainda descarbonizado e depois clinkerizado antes de deixar o forno e entrar no sistema de arrefecimento.

2.4.4.3 <u>Processos semi-húmidos e semi-secos</u> :

O processo semi-húmido é uma modificação do processo húmido. As lamas são desidratadas num filtro-prensa para formar um bolo com um teor de humidade de cerca de 20%, antes de serem trituradas e enviadas diretamente para um forno de cadeia longa ou para um pré-aquecedor, como uma grelha Lepol móvel ou um sistema desintegrador de ciclones, de onde são enviadas para um forno curto. Para além das características da matéria-prima, o teor mínimo de humidade no processo semi-húmido é determinado pelo tempo de filtração e pela extensão das instalações de filtração.

No processo Lepol ou semi-seco, as matérias-primas são pré-tratadas da mesma forma que no processo seco. O pó é moído num tambor rotativo inclinado ou numa panela para formar bolas com cerca de 15 mm de diâmetro e um teor de humidade de cerca de 12%. As esferas são então colocadas numa grelha móvel onde são secas, pré-aquecidas e parcialmente descarbonizadas antes da fase de forno. O tratamento que se segue é semelhante ao do processo de secagem.

A Tabela 2.5 mostra as transformações químicas durante o tratamento térmico do cimento Portland em bruto (principais reacções durante a cozedura do clínquer)

Quadro 2.5: Transformações químicas durante o tratamento térmico da farinha crua de cimento Portland (principais reacções durante a cozedura do clínquer)

Temperatura ^{0}C	Processo	Transformação química
< 200 100 - 400 400 - 750	Fuga de água livre (secagem) Fuga de água adsorvida Decomposição de argila, por exemplo, com	$Al4(OH) 8 Si4O10$
600 - 900	Formação de metacaulinite Decomposição de	$-2 (AI2O3. 2SiO2) + 4H2O$ $Al2O3. 2SiO2$
600 - 1000	metacaolinite e outros compostos, formando uma mistura de óxidos reactivos. Decomposição de calcário	$-- AI2O3 +2SiO2$ $CaCO3 - CaO + CO2$
800 - 1300	com a formação de CS e CA Absorção de calcário por CS e CA,	$3CaO + 2SiO2 + Al2O3$ $-2 (CaO.SiO2) + CaO.Al2O3$ $CS + C - C2S$
1250 - 1460	Formação C4AF Nova absorção de calcário por C2S	$2C + S - C2S$ $CA + 2C - C3A$ $CA + 3C + F - C4AF$ $C2S + C - C3S$

2.4.5 Moagem de cimento

O cimento é fabricado através da moagem de clínquer arrefecido com gesso (carbonato de cálcio hidratado). A moagem ocorre geralmente num moinho tubular, parcialmente cheio de bolas de aço. Existem dois sistemas básicos para a moagem de cimento: circuito aberto e circuito fechado. O sistema de circuito aberto é o mais antigo dos dois e encontra-se geralmente em instalações mais antigas. Neste sistema, o diâmetro do moinho é de, no máximo, 2,5 m. O material é transportado através do moinho numa única passagem.

Os moinhos mais recentes têm geralmente um circuito fechado e são geralmente maiores do que os de circuito aberto. Não são raros os diâmetros de até 4,5 m. No circuito fechado, o produto é dividido num fluxo de produtos grosseiros (que são reutilizados no moinho para serem moídos novamente) e num fluxo de produtos finos.

A moagem de bolas gera geralmente calor, pelo que pode ser utilizado um ventilador. Também é possível utilizar um sistema de arrefecimento de cimento em circuito fechado fora do moinho e utilizar bocais de pulverização de água internos na entrada e saída do moinho.

O cimento moído é armazenado em grandes silos até ser embalado e distribuído.

Encher silos de cimento não é um problema, mas esvaziá-los é muito mais difícil. Os silos de cimento modernos estão, sem exceção, equipados com sistemas de transporte pneumático e dispositivos pneumáticos de descarga e controlo de fluxo. Os transportadores de calha aberta e/ou as unidades de arejamento são parte integrante destes silos e são alimentados com ar comprimido para animar o cimento e facilitar a sua remoção dos silos. O ar é fornecido por sopradores de pistão rotativo a uma pressão de aproximadamente 4000 a 8000 mm w.g.. Dependendo do sistema de descarga do silo, a taxa de fornecimento de ar varia para atingir uma determinada taxa de descarga de cimento. Em alguns sistemas, o ar comprimido introduzido no silo é parcialmente evacuado através de tubos de ventilação, noutros, todo o ar é evacuado ao mesmo tempo que o cimento.

Todos os cimentos são ligantes hidráulicos, o que significa que endurecem depois de serem misturados com água, tanto no ar como debaixo de água. O produto do processo de endurecimento - o "tijolo de cimento" - é um material resistente à água, semelhante à pedra. Os diferentes tipos de cimento podem geralmente ser subdivididos noutras classes. O Quadro 2.6 apresenta a subdivisão do cimento Portland.

Table 2.6 **Subdivisão de cimento Portland.**

SímboloPropriedades especiais/designação.

OC	Cimento Portland normal
RHC	Cimento Portland de endurecimento rápido (ou de alta resistência inicial ou de alta resistência inicial)
HSC	Cimento Portland de alta resistência.
LHC	Cimento Portland de baixo calor (ou endurecimento lento, baixo calor de hidratação), cimento Portland de médio baixo calor.
SHC	Cimento Portland resistente aos sulfatos
AEC	Air - Unidade de cimento Portland.

Fonte: CEMBREAU, 1968

Nota: a subdivisão acima referida para o cimento Portland pode ainda ser subdividida em classes adicionais (por exemplo, OC I, OC II).

Os cimentos podem também ser classificados com base em vários outros critérios, pelo que as principais características distintivas podem ser as seguintes

- Classes de resistência (resistências mínimas ou médias; regra geral, resistências à compressão a 28 dias) ;

- Tipos de cimento (cimento Portland, cimento de escória, cimento pozolânico) ;

- Propriedades especiais importantes (baixo calor de hidratação, resistência a ambientes agressivos, desenvolvimento rápido da resistência, etc.).

Table 2.7 apresenta as classes de resistência de acordo com a norma DIN 1164.

Na tabela, L e F são utilizados para designar o comportamento do cimento com base na resistência total aos 28 dias.

L - Refere-se ao cimento com um endurecimento inicial lento.

F - designa um cimento com elevada resistência inicial (endurecimento rápido)

Tabela 2.7: Classes de resistência do cimento Portland

Aula de força	2 dias	Mínimo	7 dias no mínimo	28 dias no mínimo	Máximo
			[2]Resistência à compressão em N/mm a		
25			10	25	45
35	L^2		18	35	55
	F^2	10	-		
45	L^2	10	-	45	65
	F^2	20	-	45	65
55		30	-	55	-

2.4.6 Enchimento e embalagem

O cimento do silo de cimento é embalado em sacos ou a granel. O tipo de embalagem escolhido para o transporte do cimento depende das condições locais e do meio de transporte mais vantajoso: rodoviário, ferroviário ou marítimo (navio ou barcaça). Em princípio, existem três opções: embalagem em sacos, expedição a granel e expedição em "big bag".

O cimento é geralmente acondicionado em *sacos de juta ou de papel*, sobretudo este último. O saco de papel com válvula é o tipo mais comummente utilizado. Ao contrário do saco normal de boca aberta, o saco de válvula é fechado em todos os lados, exceto numa pequena abertura num canto, através da qual o cimento é introduzido no saco. A maior parte destes sacos são os chamados sacos "adesivos", mas os sacos com extremidades cosidas ainda são utilizados em certa medida.

[2]*Os sacos de papel* para cimento são geralmente constituídos por duas camadas de papel kraft

fabricado a partir de pasta de soda, pesando cada camada entre 90 e 100 g/m . Podem ser utilizados sacos de três, quatro ou cinco camadas para condições difíceis.

São necessárias máquinas especiais para encher sacos com válvulas. Estas máquinas são normalmente designadas por máquinas de embalagem de sacos ou simplesmente "embaladoras". Os sacos com válvula cosidos são mais difíceis de colocar nos bicos de enchimento da máquina e requerem mais pessoal para conseguir um enchimento consistente do que os sacos com válvula colados.

A granelização é a compra por grosso de cimento diretamente em camiões-cisterna ou camiões. Oferece melhores oportunidades para a automatização do fluxo de materiais do que o transporte a granel. Este facto reflecte-se nas características de conceção e nas disposições relativas ao carregamento a granel na indústria cimenteira. Uma caraterística importante das instalações de carregamento a granel é o facto de permitirem que o cimento seja carregado em camiões-cisterna sem poeiras. A capacidade de transbordo para carregamento a granel de veículos rodoviários e ferroviários pode atingir 400 t/hora, enquanto a capacidade de transbordo das instalações de carregamento de navios é geralmente muito superior (1000 - 1200 t/hora). Os dispositivos de transbordo e de alimentação para o transporte de cimento para as instalações de carregamento incluem comportas rotativas, transportadores de parafuso, válvulas de controlo de fluxo, calhas vibratórias, transportadores de corrente, transportadores de correia, etc.

O método de transporte do cimento *"em big bags" a* partir da fábrica foi possível graças ao desenvolvimento de materiais de embalagem extremamente resistentes e duradouros e à utilização de equipamentos capazes de suportar cargas de uma tonelada ou mais.

Há que distinguir dois sistemas de envio de cimento em "big bags": os sacos de utilização única e os sacos reutilizáveis. A embalagem de uso único consiste num grande saco de fundo quadrado feito de uma tira de plástico revestida de película plástica. Durante a operação de enchimento, a abertura do saco é mantida aberta; uma vez terminada esta operação, o saco é fechado por um dispositivo triangular de fecho automático que pode também ser utilizado como dispositivo de elevação para o transporte do saco cheio em distâncias limitadas.

O saco reutilizável também é feito de um tecido de fita de plástico com um forro de folha de plástico. Tem uma abertura de entrada e uma abertura de saída, permitindo esvaziar uma quantidade limitada de cimento, conforme necessário. Para o transporte e o esvaziamento, o saco pode ser suspenso por meio de correias. Este tipo de "big bag" pode ser um pouco mais caro do que um saco descartável, mas tem a vantagem de poder ser reutilizado várias vezes antes de se tornar inutilizável.

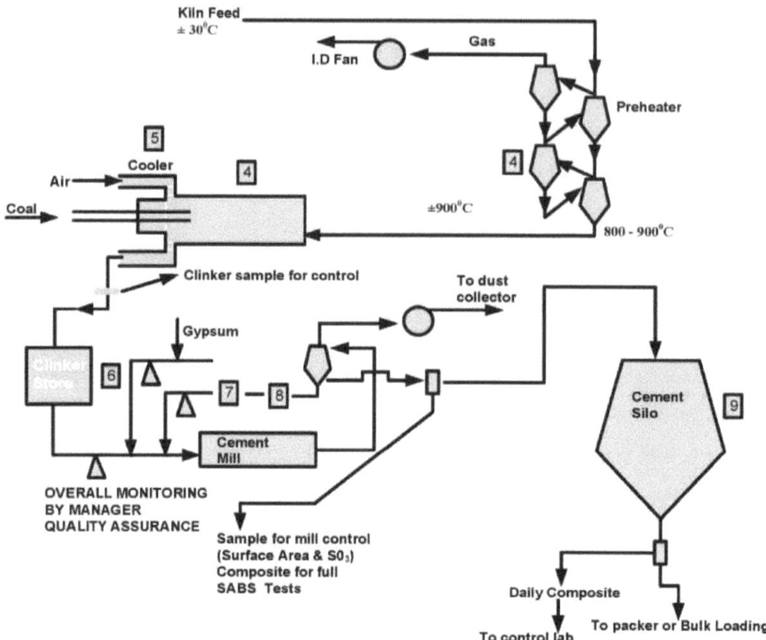

Figura 2.2: Produção de clínquer, moagem de cimento e fases de expedição da produção de cimento (fases 4 a 9)

2.5 A indústria cimenteira nigeriana

2.5.1 Panorama da indústria do cimento na Nigéria (1981 - 1999)

2.5.1.1 Introdução

[th]A primeira fábrica de cimento da Nigéria foi construída por iniciativa do governo colonial nigeriano em 20 de dezembro de 1957. A fábrica foi construída em Nkalagu, na então região oriental da Nigéria, e recebeu o nome de Nigerian Cement Company (NIGERCEM). Cerca de um mês mais tarde, a Associated Portland Cement Manufacturers (APCM), mais tarde rebaptizada Blue Circle Industries, formou a West African Portland Cement Company (WAPCO) em parceria com a United African Company e a Western Nigeria Development Corporation. Após a independência, em 1961, o envolvimento dos governos federal e regional na indústria e na manufatura tornou-se mais evidente, uma vez que se considerou politicamente conveniente participar na propriedade de empresas industriais. Em 1962, o Governo Regional do Norte encomendou a uma empresa alemã, Ferrostahl A.G., a

construção de uma fábrica de cimento integrada em Sokoto, enquanto o Governo Regional
do Leste encomendou uma fábrica de cimento em Calabar em 1964. Em 1965, a região
Centro-Oeste encomendou a Continho Caro a construção de uma fábrica de cimento em
Ukpilla. Este padrão continuou com a criação da Ashaka Cement Company e da Benue
Cement Company pelos então estados do Nordeste e do Planalto de Benue, respetivamente,
em 1975. Em 1978, existiam sete empresas de cimento na Nigéria. A Tabela 2.8 apresenta
um perfil da indústria cimenteira nigeriana criada antes de 1980, enquanto a Tabela 2.9
mostra as principais indústrias cimenteiras da Nigéria em 2007 e a sua capacidade instalada.

Quadro 2.8: Perfil da indústria cimenteira nigeriana, criada antes de 1980

Empresa (sítio)	Fundada	Parceiro (nacionalidade)
Nkalagu (Ebonyi)	1957	F.L. Smidth (Dinamarquês)
WAPCO: Ewekoro (Ogun)	1959	Indústrias do círculo azul (britânico)
Sokoto (Sokoto)	1962	Ferrostahl A.G.(Alemão)
Ukpilla (Edo)	1965	Continho Caro (Áustria)
Calabar (Cross River)	1964	Polysius (Alemão)
WAPCO: Sagamu (Ogun)	1975	Indústrias Blue Circle (britânicas)
Bénoué (Gboko,Bénoué)	1975	Cementia (Suíça)
Ashaka (Gombe)	1975	Blue Circle Industries (Reino Unido)

Fonte: Instituto Nigeriano de Investigação Social e Económica - ICD, Lagos (1985)

Quadro 2.9: A estrutura da indústria do cimento na Nigéria.

Nome da empresa	Local de instalação	Data de entrada em funcionamento	Capacidade instalada (milhões de toneladas)
Nigeriancementplc (nigercem)	Nkalagu, Estado de Enugu	1957	600,000
Cimento Portland da África Ocidental plc (wapco)	1 ewekoro, estado de ogun	1960	600,000
	2. Sagamu, Estado de Ogun	1978	1,000,000
Empresa de cimento Bendel	Okpella, Estado de Edo	1964	450,000
Empresa de Cimento Calabar	Calabar, Estado de Cross River	1965	250,000

Cimenterie du Nord Nigéria (ccnn)	Sokoto, Estado de Sokoto	1967	500,000
Ashaka cement plc	Ashaka, Estado de Gombe	1979	700,000
Benue cement plc	Gboko, Estado de Benue	1980	900,000
Fábrica de cimento de Obajana	Obajana, Estado de Kogi	2007	5, 000, 000

Fonte : CMAN

A principal matéria-prima utilizada para a produção de cimento na Nigéria é o calcário, enquanto o xisto e a argila são utilizados como materiais secundários. Mais de 95% dos materiais do sector são extraídos localmente, enquanto a maioria das empresas de cimento importa gesso.

A Nkalagu Cement e a Ashaka Cement Company dispunham de instalações próprias para satisfazer as suas necessidades em termos de sacos de papel. No entanto, o principal fornecedor era a fábrica de papel nigeriana de Jebba. [66]Os fabricantes de papel tinham uma capacidade total instalada de 230 x 10 sacos por ano, e os sete principais produtores de cimento necessitavam de 104 x 10 sacos por ano. Havia, portanto, um excesso de capacidade de 55% na indústria de sacos (Esubiyi, 1995).

As primeiras fábricas de cimento do país - Nkalagu, Ewekoro, Calabar (antiga linha) e Sagamu (semi-húmida) - foram construídas utilizando o processo húmido, enquanto as fábricas subsequentes em Ukpilla, Benue, Ashaka e Sokoto (nova linha) funcionaram utilizando o processo seco. Em termos de utilização de combustível, a Nigercem Plc foi a única fábrica a utilizar carvão, enquanto as outras fábricas utilizavam fuelóleo para alimentar os seus fornos; a WAPCO, no entanto, mudou de fuelóleo para gás natural, enquanto a Ashakacem planeia investir num sistema de combustão de carvão.

Durante o período 1981-1999, o sector foi dominado pela WAPCO e pela Ashakacem Plc. Estas duas empresas foram responsáveis por 87% da produção local em 1999. Cinco das empresas estavam cotadas na bolsa de valores: Ashakacem Plc, Benue Cement Company Plc, Cement Company of Northern Nigeria Plc, Nigercem Plc e West African Portland Cement Company Plc. O Quadro 2.10 mostra as quotas de mercado na indústria do cimento em 1999. Em termos de propriedade durante o período de referência, o governo detinha a maioria das acções das empresas de cimento. O Quadro 2.11 mostra a estrutura de propriedade das empresas em agosto de 1999.

Quadro 2.10: Quota de mercado das empresas de cimento na Nigéria (1999)

Empresa	Artigo principal Mercado	Capacidade (milhões de toneladas)	Utilização (% estimada)	Mercado Quota (%)

Wapco	Sudoeste	1.60	87	56
Ashaka	Nordeste	0.70	106	31
Cimento de Benue	Norte Central	0.90	22	8
Ccnn	Noroeste	0.50	21	4
Nigercem	Sudeste	0.60	4	1
Cimento Bendel	Sul-Sul	0.45	0	0
Calabar Cement Co.	Sul-Sul	0.25	0	0
Total		5.00		100

Fonte: Bolsa de Valores da Nigéria - Guia do Investidor (2000)

Quadro 2.11: Estrutura acionista das empresas cimenteiras (1999)

EMPRESA DE CIMENTO ASHAKA EM 4 DE AGOSTO DE 1999

ACIONISTAS	PERCENTAGEM (%)
Governo Federal da Nigéria	35.38
Público nigeriano (indivíduos/instituições)	29.08
Indústrias do Círculo Azul Plc	25.00
Sociedades de investimento públicas e regionais	7.37
Governo do Estado	3.17

[st]WEST AFRICAN PORTLAND CEMENT COMPANY EM 31 de outubro outubro de 1999

ACIONISTAS	PERCENTAGEM (%)
Partner International Zement Nigeria GmbH	39.48
O'dua Investmentgesellschaft mbH	26.85
Ministério das Finanças Integração	16.58
Público nigeriano	17.09

EMPRESA DE CIMENTO BENUE EM 1999

Accionistas	Percentagem (%)
Governo Federal da Nigéria	30.00
Governo do Estado de Benue	19.72
Governo do Estado do Plateau	5.09
Nbci	6.57
Vedação	4.00
Público nigeriano	23.91
Bcc pessoal	3.20

Fcda	2.89
Nidb	2.43
Nndc	2.90

Empresa de cimento Nordnigerian plc - sokoto

Accionistas	Percentagem (%)
Governo Federal da Nigéria	45.78
Público nigeriano	17.12
Governo do Estado de Sokoto	6.96
Nndc	7.50
Governo do Estado de Kaduna	3.87
Kano state investment and properties ltd.	3.87
Governo do Estado de Katsina	3.87
Ferrostal ag	0.26
Governo do Estado de Kebbi	10.52

Empresa nigeriana de cimento, nkalagu

Accionistas	Percentagem (%)
Governo do Estado de Anambra / Enugu	26.00
Governo do Estado de Imo/Ábia	27.00
Governo Federal da Nigéria	11.00
Outros nigerianos	37.00

EMPRESA DE CIMENTO DE CALABAR, CALABAR

ACIONISTAS	PERCENTAGEM (%)
Governo do Estado de Cross River	50.00
Governo Federal da Nigéria	40.00
Sociedade de investimento	3.4
Banco Nigeriano de Desenvolvimento Industrial	3.3
Banco Nigeriano de Comércio e Indústria	3.3

EMPRESA BENDEL-ZEMENT, UKPELLA

ACIONISTAS	PERCENTAGEM (%)
Governo do Estado de Edo	78.90
Ado Ibrahim	20.00
C.C.C. Francês	1.10

As empresas de cimento são membros da Associação de Fabricantes de Cimento da Nigéria (CMAN), que foi criada em 1979 para resolver o problema do sector (Nigerian Stock Exchange, (2000)).

2.5.1.2   <u>Desempenho da indústria cimenteira</u>

O Quadro 2.12 mostra a produção local de cimento na Nigéria (1981 - 1997), enquanto o Quadro 2.13 mostra o perfil de produção das várias fábricas de cimento do país (1990 - 1997). Estes quadros mostram que a capacidade de produção das fábricas de cimento diminuiu de um máximo de 3,4 milhões de toneladas métricas (taxa de utilização de 65%) em 1988 para um mínimo histórico de 2,5 milhões de toneladas métricas (taxa de utilização de 49%) em 1997. Entre 1990 e 1997, apenas a Ashaka Cement Company e a WAPCO conseguiram atingir uma taxa de utilização da capacidade superior a 70%, enquanto outras fábricas de cimento funcionaram por vezes muito abaixo dos 50%, como mostra o Quadro 2.13. Entre 1993 e 1997, a NIGERCEM funcionou com uma taxa de utilização da capacidade inferior a 12%, enquanto a Calabar Cement funcionou com uma taxa de utilização da capacidade de 1,5% em 1994 e deixou de funcionar até 1996, voltando a funcionar com uma taxa de utilização da capacidade deplorável de 0,3% em 1997. O quadro revela igualmente que, entre 1994 e 1997, a Bendel Cement Company registou uma taxa de utilização da capacidade inferior a 15%.

QUADRO 2.12: Produção local de cimento na Nigéria (1981 - 1997)

ANO	PRODUÇÃO (EM TONELADAS)						
	ASHAKA	UKPILLA	BENUE	CALABAR	NKALAGU	SOKOTO	WAPCO
1981	664 191	192 651	388 561	58 756	145 104	-	1 394 960
1982	711 816	212 956	749 249	50 444	-	31 000	1 506 590
1983	593 817	182 364	716 500	19 162	-	54 691	1 374 637
1984	619 952	40 368	665 260	8 500	123 172	42 249	1 499 502
1985	691 657	106 636	806 788	57 295	180 685	91 257	1 404 930
1986	676 733	92 946	689 793	62 035	263 811	308 183	1 403 015
1987	736 975	131 467	553 996	56 312	236 547	229 474	1 437 305
1988	848 877	120 270	588 550	25 690	191 314	221 771	1 407 243
1989	844 013	68 059	485 359	28 652	165 886	230 575	1 141 868
1990	823 713	166 949	492 213	36 859	124 557	236 000	1 120 000
1991	795 858	109 260	471 017	25 350	271 087	271 087	1 107 154
1992	758 858	55 598	482 940	15 383	220 450	220 045	1 121 500
1993	770 000	33 412	473 309	8 659	74 726	210 091	1 018 000
1994	768 000	34 978	407 465	6 101	34 550	175 030	1 403 000
1995	612 000	28 852	387 744	Concluído	37 903	156 000	1 400 000
1996	594 010	23 818	441 532	Concluído	21 561	121 380	1 360 000
1997	622 000	29 405	364 000	1 125.5	16 573	131 506	1 300 000

TOTAL (toneladas)	CAPACIDADE TOTAL (toneladas)	CAPACIDADE. UTILIZAÇÃO (%) 58.4
2 844 223	4 870 000	
3 262 055	4 870 000	66.98
2 941 171	4 870 000	60.39
3 006 003	4 920 000	61.10
3 339 266	5 420 000	61.16

3 496 516	5 420 000	64.51
3 382 076	5 250 000	64.42
3 403 715	5 250 000	64.83
2 964 412	5 150 000	57.56
3 000 291	5 000 000	60.0
3 050 813	5 000 000	61.02
2 874 895	5 000 000	57.5
2 588 197	5 000 000	51.76
2 829 124	5 000 000	56.58
2 622 499	4 400 000	59.60
2 562 301	4 400 000	58.23
2 464 620	5 000 000	49.39

FONTES: Esubiyi (1995)

Banco Central da Nigéria, relatórios anuais e actas (1990 - 1998)

Table 2.13: Production profile for the individual cement plants (1990 – 1997)

(Metric Tonnes)

NAME OF COMPANY	INSTALLED CAPACITY	PRODUCTION / CAPACITY UTILISATION (%)							
		1990	1991	1992	1993	1994	1995	1996	1997
NIGERCEM	600,000	124,557 (41)	271,087 (48)	220,450 (45)	74,726 (12)	34,550 (6)	37,903 (6)	21,561 (3.0)	16,573 (4.0)
WAPCO	1,600,000	1,120,000 (70.0)	1,107,154 (68.5)	1,121,500 (69.8)	1,018,000 (64.0)	1,403,000 (87.7)	1,400,000 (87.5)	1,360,000 (81.3)	1,300,000 (80.2)
Bendel Cement Co.	450,000	166,949 (55.0)	109,260 (36.0)	55,598 (18.0)	33,412 (11.0)	34,978 (13.0)	28,852 (10.0)	23,818 (9.0)	29,405 (10.0)
Calabar Cem	250,000	36,859 (18.5)	25,350 (10.1)	15,383 (6.2)	8,659 (3.09)	6,101 (1.5)	Closed Down	Closed Down	1,125.5 (0.3)
CCNN	500,000	236,000 (41.0)	271,087 (48.0)	220,450 (45.0)	210,091 (42.0)	175,030 (35.0)	156,000 (32.6)	121,380 (25.0)	131,506 (26.0)
Ashaka Cement	700,000	823,713 (117.7)	795,858 (115.0)	758,574 (108.0)	770,000 (110.0)	768,000 (109.7)	612,000 (87.4)	594,010 (85.0)	622,000 (88.9)
Benue Cement	900,000	492,213 (54.7)	471,017 (54.0)	482,940 (53.7)	473,309 (52.6)	407,465 (45.3)	387,744 (43.1)	441,532 (51.3)	364,000 (40.4)

2.5.1.3 Procura e oferta de cimento na Nigéria

O quadro 2.14 mostra o perfil de produção da indústria cimenteira em relação às importações de cimento para cobrir as necessidades locais durante o período 1988-1998.

**Quadro 2.14: Perfil de produção da indústria cimenteira no exterior
Importações de cimento (1988 - 1998)**

Ano	Importação Números	Local Cimento Produção	Total Oferta	Parte de mercado das importações (%)	Quota de mercado local (%)	Estimativa da procura de Cimento (m/toneladas métricas)	Lacuna na oferta (milhões/toneladas métricas)
1988	688341	3400000	4088341	16.84	83.16	7.3	3.9
1989	543621	2950000	3493621	15.56	84.44	7.4	3.9
1990	905595	3030000	3935595	23.01	76.99	7.7	3.8
1991	1693200	29224072	4617272	36.67	63.33	7.8	3.2
1992	1985655	2797202	4782857	41.52	58.48	7.2	2.4
1993	2085826	2622218	4708044	44.30	55.70	6.8	2.1
1994	859886	2619908	3479794	24.71	75.29	5.0	1.5
1995	1091232	2610752	3701984	29.48	70.52	4.7	1.0
1996	1060300	2530998	3591298	29.52	70.48	4.0	0.4
1997	1304582	2517413	3821995	34.13	65.87	5.2	1.4
1998	1992588	2206635	4198943	47.00	53.00	5.2	0.5
Taxa de crescimento	190%	- 35%	2.70%				

Fonte : CMAN

O Quadro 2.14 mostra que a procura de cimento no país atingiu um pico de 7,8 milhões de toneladas em 1990/1991. Esta elevada procura de cimento deveu-se à forte atividade económica no sector da construção durante este período, como a construção do novo Território da Capital Federal (FCT) em Abuja, onde a indústria da construção era muito dinâmica, com milhares de edifícios a serem construídos simultaneamente. Além disso, o período coincidiu, a nível nacional, com um aumento da procura de habitações comerciais e residenciais.

No entanto, no final da década de 1990, a procura de cimento diminuiu devido ao baixo poder de compra e às perturbações económicas causadas pelas crises políticas de 1993 a 1998.

No que diz respeito à cadeia de abastecimento, o quadro mostra claramente que, no final de 1998, a oferta de cimento estava a lutar para acompanhar a procura, devido à queda das taxas de utilização da capacidade das cimenteiras e à incapacidade de expansão da indústria. Este desequilíbrio do lado da oferta levou a que a produção interna diminuísse enquanto as importações continuavam a aumentar, de tal modo que, em 1999, a produção interna se limitava a complementar as importações.

2.5.1.4 <u>Os problemas da indústria do cimento na Nigéria (1981 - 1999)</u>

Durante o período em análise, a indústria do cimento enfrentou os seguintes problemas:

1. <u>Financiamento</u>

A produção de cimento não é apenas uma atividade de capital intensivo, é também um processo técnico altamente complexo que requer máquinas e equipamentos a funcionar 24 horas por dia. Devido às actividades de produção das fábricas de cimento, as máquinas e o equipamento têm de ser regularmente mantidos e as peças principais têm de ser substituídas, para não mencionar os requisitos regulares de atualização do equipamento e dos processos.

Durante o período em análise, a indústria cimenteira não conseguiu dar resposta às necessidades de renovação regular das suas instalações e componentes, uma vez que todas as máquinas e equipamentos utilizados eram importados e, consequentemente, eram necessárias grandes quantidades de divisas para a sua manutenção e funcionamento. O quadro 2.15 mostra o custo em dólares dos vários projectos de modernização que tiveram de ser realizados com urgência nas diferentes fábricas de cimento no final de 1999.

Quadro 2.15: Programas de reabilitação/expansão a médio prazo para

O sector do cimento (1999)

Nome da empresa	Montante do investimento Necessário	Reservar um investimento Produção Tonelada
Nigerian Cement plc	6,25 milhões de euros	300,000
Wapco	110 milhões de euros	1.000.000 (ewekoro)
		925.755 (sagamu)
Bendel Zement Co.	0,97 milhões de euros	100,000
Calaber Cement Co.	2,42 milhões de euros	100,000
Ccnn	125,5 milhões de euros	240,000
Ashaka cement plc	7,5 milhões de euros	900,000
Benue cement plc	15 milhões de euros	900,000

<u>Fonte:</u> Guia de investimento da Bolsa de Valores da Nigéria (2000)

2. Custos e fornecimento de gasóleo de aquecimento

Consoante o tipo de processo utilizado nas várias fábricas de cimento, o fuelóleo representa 30 a 35% dos custos de produção. Por conseguinte, uma ligeira variação do preço do fuelóleo tem um impacto muito significativo nos custos de produção. Nas fábricas a gás, o preço do gás está ligado ao do fuelóleo, pelo que estas fábricas têm de absorver o mesmo aumento proporcional do preço do combustível.

A persistente escassez de combustível que o país registou durante este período teve um impacto negativo significativo no sector. As sete fábricas de cimento necessitam de cerca de 34 camiões-cisterna de combustível por dia para manterem a produção a uma taxa de utilização da capacidade de cerca de 50%. A partir de 1997, a situação do abastecimento de combustível às fábricas de cimento deteriorou-se de tal forma que nem mesmo esta procura média pôde ser satisfeita. Em 1998, por exemplo, a procura média diária de fuelóleo nas cimenteiras baixou para cerca de sete camiões-cisterna, o que representa apenas cerca de 21% das necessidades do sector. Nestas situações, as cimenteiras eram obrigadas a comprar combustível no mercado negro a um preço muito mais elevado (por vezes 100% ou mais), o que provocava um aumento considerável dos custos de produção.

Em resultado desta situação deplorável, a Associação Nigeriana de Fabricantes de Cimento (CMAN) teve de informar a nação de que os seus membros estavam a enfrentar custos de produção de 62 dólares por tonelada, quando o custo médio internacional de produção de cimento se situa entre 18 e 25 dólares por tonelada (Eyo - Ita, 2002).

3. Alimentação eléctrica deficiente

Durante o período em análise, o fornecimento de eletricidade pela então Nigerian Electric Power Authority (NEPA) era irregular, obrigando as fábricas de cimento a investir recursos consideráveis em eletricidade autogerada para manter as fábricas em funcionamento. Esta situação conduziu a um aumento considerável dos custos de produção de cimento, uma vez que a eletricidade auto-gerada é muito cara, com interrupções frequentes da produção devido a cortes permanentes de energia que resultam não só na perda de receitas, mas também em elevados custos de reparação e manutenção das instalações danificadas.

4. Falta de política governamental

A política governamental é muito importante para o desenvolvimento do sector industrial em geral e da indústria do cimento em particular. Durante o período de referência, a única política governamental identificável para a indústria do cimento foi a promoção da importação maciça de cimento como um complemento importante da produção local, o que foi totalmente insuficiente. Isto foi altamente lamentável, pois apesar do potencial do país para a produção de cimento, esta política não conseguiu resolver as questões críticas da autossuficiência de cimento.

5. Estrutura do imóvel

Há provas de que as empresas em que o Estado é o acionista maioritário têm tido sistematicamente um desempenho fraco. Isto deve-se ao facto de o sector público nigeriano ser geralmente muito mal gerido e de os quadros superiores mudarem frequentemente. A insuficiente ou nula afetação de fundos para o capital de exploração e para a renovação das instalações prejudica frequentemente a capacidade de gestão. As indústrias de cimento, nas quais o Estado tem uma grande participação, não são exceção a estas observações.

2.5.2 Panorama da indústria do cimento na Nigéria (1999 - atual)

Em maio de 1999, a Nigéria passou de um regime militar para uma democracia civil, e esta mudança de governo teve um impacto profundo não só na orientação política geral do sector industrial da economia nigeriana em geral, mas também na indústria do cimento em particular.

O novo governo democrático apoiou reformas em todos os domínios da vida nacional; no sector industrial, o governo prosseguiu vigorosamente a política de liberalização do comércio, de privatização das empresas públicas e de formulação de uma nova política industrial para o país.

Em julho de 1999, o governo reorganizou o Conselho Nacional para a Privatização das Empresas Públicas e o Bureau of Public Enterprises (BPE) foi encarregado de vender as acções controladas pelo governo nas empresas em que detinha uma participação, começando pelas empresas cotadas na Bolsa de Valores da Nigéria (NSE). As empresas de cimento em que o Estado detinha uma participação foram listadas para privatização total, o que significa que o Estado se despojaria completamente da gestão das empresas de cimento e entregaria a sua exploração inteiramente ao sector privado. O sector do cimento foi incluído na lista para privatização na primeira fase de execução.

Em 2001, o Ministério da Indústria concluiu uma revisão da política industrial do país. A nova política centra-se na rápida industrialização da Nigéria. Os principais pontos da política são os seguintes

- Aumento das exportações de produtos industriais.
- Melhorar as competências e as capacidades tecnológicas disponíveis no país.

- Aumentar a quota local da produção industrial.

- Atração de capitais estrangeiros.

- maior participação do sector privado na indústria transformadora; e

- Expansão industrial.

O Governo concentrou-se igualmente no desenvolvimento das pequenas e médias empresas (PME). No que diz respeito à indústria do cimento, o governo acelerou a privatização das indústrias de cimento em que estava envolvido e colocou à venda pública as suas acções na WAPCO, Ashaka Cement Company, Benue cement Company e NigerCem, Nkalagu durante a primeira fase da privatização, enquanto as suas acções nas outras empresas de cimento foram vendidas durante a fase 2b da privatização (BPE, 2003).

Do mesmo modo, foi dado aos importadores de cimento um prazo até ao final de 2002 para apresentarem provas positivas e concretas de investimento na produção local de cimento utilizando os ricos depósitos de calcário do país. Existe também uma proposta governamental para proibir completamente a importação de cimento a granel para o país a partir de janeiro de 2006 (Mohammed, 2004). Estima-se que, entre 2000 e 2006, a Nigéria importou um total de cerca de 40 milhões de toneladas de cimento com um valor total de 3 mil milhões de dólares (Adeyemi, 2007).

Como parte dos esforços do governo para encorajar o investimento direto no sector do cimento, os direitos aduaneiros pagos pelas empresas de cimento sobre as suas máquinas e peças sobressalentes foram reduzidos (Jamodu, 2002). Além disso, o governo intensificou os seus esforços para desenvolver a rede nacional de distribuição de gás, a fim de aumentar o consumo interno de gás natural e disponibilizá-lo ao sector industrial através da Nigerian Gas Company (NGC), uma filial da Nigerian National Petroleum Company (NNPC).

Neste contexto, a UCS opera atualmente oito (8) sistemas de abastecimento, nomeadamente: O sistema de abastecimento de gás de Sapele, que fornece gás à central eléctrica PHCN Ogorode, em Sapele; o sistema de Aladja, que fornece gás à Delta Steel Company, em Aladja, e à Sapele - Oben - Ajaokuta Steel Company, e que constituirá a espinha dorsal do sistema de gasodutos do Norte, e o sistema Imo-River-Aba, que fornece gás à PZ International Company, à Aba Textile Mills e à Aba Equitable Industry.

Outros sistemas incluem o sistema Obigbo-Nord-Afam, que fornece gás às centrais eléctricas da PHCN em Alakiri; o sistema de gasodutos Onne, que fornece gás à National Fertilizer Company para a produção de fertilizantes; o sistema Alakiri-Afam-Ikot Abasi, que fornece gás à Aluminium Smelting Company (ALSCON); e o gasoduto Escarvos-Lagos (ELP), que fornece gás à fábrica Egbin da PHCN em Lagos. Outros ramais do ELP abastecem as fábricas da West African Portland Cement (WAPCO) em Sagamu e Ewekoro, a PZ Industries em Ikorodu, a City Gate em Ikeja, Lagos, a PHCN Delta IV e a Warri Refining and Petrochemical Company em Warri (www.nnpcgroup.com).

A NGC tenciona também alargar a rede nacional de distribuição de gás para estimular ainda mais o consumo de gás natural. O projeto de gasoduto Ajaokuta - Abuja - Kaduna, no valor de 745 milhões de dólares, fornecerá gás ao centro e ao norte da Nigéria, enquanto o projeto de gasoduto Aba - Enugu - Gboko, no valor de 552 milhões de dólares, fornecerá gás a partes do leste da Nigéria (CEE, 2005).

No final de 2002, a situação da indústria cimenteira nigeriana era deplorável. Das oito fábricas de cimento integradas, com uma capacidade total de 5,4 milhões de toneladas, três - NigerCem, Nkalagu; Calabar Cement e Bendel Cement, Ukpilla - estavam paradas há três anos, enquanto duas fábricas (Benue Cement Company, Gboko e CCCN, Sokoto) apenas conseguiam manter um funcionamento deficiente, com uma taxa de utilização da capacidade inferior a 20%. Apenas três fábricas (Ashaka, Ewekoro e Sagamu) estavam a funcionar e contribuíam com 70% da produção nacional de cimento (Eyo - Ita, 2002).

No entanto, com a conclusão da mudança de propriedade de todas as fábricas de cimento, verificaram-se muitos desenvolvimentos novos e proactivos no subsector do cimento. Estes desenvolvimentos são destacados na secção seguinte:

2.5.2.1   A Companhia de Cimento Portland da África Ocidental (WAPCO)

A WAPCO é o maior produtor de cimento da Nigéria e foi fundada em 1959. A empresa tem duas fábricas de cimento em Ewekoro e Sagamu com uma capacidade de produção total instalada de 1.400.000 toneladas (Sagamu 1.000.000 e Ewekoro 400.000). As filiais da empresa são a Portland Electrical Repairs Limited (100%), a Nigerian Kraft Bags Limited (56%), a Portland Paints & Products Nigeria Limited (100%) e a Portland Transport (100%).

Durante a privatização, foram postas à venda 94.814.813 acções ordinárias da WAPCO, sob a forma de uma venda combinada de 55.340.000 acções a N32,50 cada a um investidor líder e uma oferta de venda de 39.474.813 acções ordinárias ao público a N27,50 por acção. A venda ao investidor principal foi concluída com a Blue Circle Plc, um fabricante internacional de cimento sediado no Reino Unido, que pagou 1,8 mil milhões de dólares pela participação do Governo Federal na WAPCO em novembro de 2000 e se tornou o investidor principal bem sucedido. Na sequência desta aquisição, a Blue Circle Industries tornou-se ela própria uma filial do grupo sul-africano Lafarge.

 oferta pública de 39.474.813 acções ordinárias foi aberta em 20 de dezembro de 1999 ( ) e encerrada oficialmente em 28 de janeiro de 2000 ( ); no entanto, devido a litígios e para compensar os baixos resultados de subscrição, o encerramento da oferta foi primeiro prorrogado para 12 de julho de 2000 ( ) e finalmente para 12 de setembro de 2000 ( ).

No final de 2000, a WAPCO tornou-se uma sociedade anónima em que o grupo Lafarge detinha a maior quota (39%), seguido da O'dua Investment Company Limited (29%), sendo os restantes 31% detidos pelo público.

Em agosto de 2002, a empresa encerrou a sua obsoleta fábrica de Ewekoro e substituiu-a por uma nova unidade de secagem com uma capacidade de produção de 1,32 milhões de toneladas por ano, a um custo de 13 mil milhões de euros. A nova fábrica entrou em funcionamento em fevereiro de 2003.

De 1999 a 2004, a WAPCO registou um crescimento médio das vendas de 6,8%, o que não foi suficiente para compensar a taxa de inflação média anual de 15%. A decisão da empresa de financiar a sua nova fábrica de Ewekoro através de empréstimos bancários custou-lhe mais de 6 mil milhões de euros em juros acumulados desde 1999, de modo que, no final de 2003, a empresa ainda tinha um empréstimo a longo prazo de 12 mil milhões de euros e descobertos bancários de 9 mil milhões de euros nas suas contas.

O aumento dos custos levou a uma queda das margens brutas da empresa, que passaram de um máximo de 37 kobo por naira de vendas em 2000 para apenas 24 kobo em 2003. As margens brutas diminuíram apesar do aumento dos preços do cimento no mercado livre, o que indica que a quantidade de cimento efetivamente vendida diminuiu durante este período.

Durante o período de referência, as despesas de venda e administrativas da empresa também mais do que duplicaram, passando de 2,72 mil milhões de euros em 2000 para 4,22 mil milhões de euros no ano de referência.

Em 2003, a empresa consumiu 31 kobo por naira de volume de negócios, em comparação com 23 kobo em 2000. Por outro lado, o lucro de exploração diminuiu constantemente nos últimos quatro anos, passando de um pico de 1,84 mil milhões de nairas em 2000 para uma perda de 796 milhões de nairas em 2003.

Em 2000, o WAPCO conseguiu ainda registar um lucro de exploração de 1,45 mil nairas por naira de juros pagos sobre o empréstimo para a construção da nova fábrica de Ewekoro. Em 2003, o WAPCO teve de recorrer a descobertos bancários, não só para financiar as suas dívidas, mas também para cobrir parte das suas despesas de venda e administrativas. O peso da dívida levou a empresa a registar, em 2003, um prejuízo significativo de 3,17 mil milhões de euros após impostos, resultante de actividades normais, o triplo do prejuízo de 1,39 mil milhões de euros registado em 2002.

No entanto, a sorte da empresa parece ter mudado com a entrada em funcionamento da nova fábrica de cimento de Ewekoro. Com o relatório semestral de 2004, a situação mudou na direção certa. No relatório semestral da empresa relativo a 2004, as vendas duplicaram, passando de 5,57 mil milhões de euros em junho de 2003 para 10,27 mil milhões de euros em junho de 2004; o lucro operacional também aumentou no mesmo período para 1,505 mil milhões de euros, em comparação com 818 milhões de euros no mesmo período de 2003. No entanto, tal como nos dois anos anteriores, o elevado endividamento da WAPCO resultou em despesas com juros de 2,24 mil milhões de euros, pelo que a empresa terminou o primeiro semestre de 2004 com um prejuízo antes de impostos de 738 milhões de euros. Espera-se que a nova fábrica de Ewekoro não só impulsione as vendas, mas também reduza as elevadas despesas de capital da empresa e aumente o fluxo de caixa. Nos últimos dois anos, a WAPCO despendeu mais de 16 mil milhões de NZ em bens imobiliários, instalações e equipamento.

Para sair da armadilha da dívida, a administração da empresa espera obter um acordo provisório dos accionistas no início de 2004, que pretendem injetar N10 mil milhões na empresa através da subscrição de emissões de direitos até ao final de 2005, o mais tardar (Osae - Brown, 2004). O quadro 2.16 mostra as vendas, os lucros e as perdas da WAPCO de 1999 a 2003.

Quadro 2.16: Declaração de rendimentos da WAPCO (1999 - 2003)

Ano	Vendas (nm)	Lucro/perda após impostos (nm)
1999	10, 595, 378	23, 797
2000	11, 994, 065	660,081
2001	13, 410, 247	988, 577
2002	13, 263, 159	- 1, 383, 547
2003	13, 729, 548	- 3, 174, 956

2.5.2.2 Empresa de cimento de Benue Plc (BCC)

É a segunda maior fábrica de cimento do país, com uma capacidade total instalada de 900 000 toneladas por dia, e foi construída em 1980. No âmbito da privatização, a Dangote Industries (Nig.) Ltd, que produzia cimento importado a granel em Lagos e Port-Harcourt, tornou-se o principal investidor da empresa em 2001, depois de pagar 918,3 milhões de euros por 173 267 194 acções, representando 40% do capital da fábrica. O Conselho Nacional de Privatizações (CNP) tinha previamente aprovado a venda das restantes acções da empresa (cerca de 10%) aos trabalhadores da BCC (BPE, 2003).

[th]Em 2002, a empresa foi colocada sob administração judicial, enquanto o novo investidor assumiu a propriedade e a posse física da fábrica em fevereiro de 2004 ( ) e iniciou o processo de reativação, ampliação e modernização da fábrica de cimento com a assistência técnica da Associated Cement Company of India. A renovação e a remodelação da fábrica foram concluídas no final de 2004, tendo a produção plena sido retomada no final de 2005.

A empresa está atualmente a ampliar e a modernizar a sua fábrica. O projeto, que estava 70% concluído no terceiro trimestre de 2006, envolve a revisão completa e a modernização das instalações existentes, bem como a instalação de novos equipamentos. As duas linhas de produção actuais da empresa, com uma capacidade instalada de 450 000 toneladas por ano, serão melhoradas para uma capacidade de 1,5 milhões de toneladas por ano, elevando a capacidade total instalada da fábrica para 3 milhões de toneladas por ano (Dike, 2006).

O projeto de ampliação é apoiado pelas receitas da emissão de direitos em 2004. Nesse ano, a empresa emitiu 1,980 mil milhões de acções de 50 Kobo a N3,50 por ação; a oferta foi um grande sucesso e cobriu 30% do custo total da ampliação, tendo o grupo Dangote contribuído com o restante (Dike, 2006).

O objetivo da expansão é permitir que a fábrica atinja vendas de N60 mil milhões, com uma capacidade de produção de 3 milhões de toneladas de cimento por ano. Nos primeiros nove meses de funcionamento em 2006, a empresa registou um lucro bruto de N2,2 mil milhões e vendas de N4,0 mil milhões (Dike, 2006).

2.5.2.3 <u>Ashaka Cement Company (AshakaCem) , Estado de Gombe</u>

A AshakaCem Plc é a terceira maior empresa de cimento do país, depois da WAPCO e da Benue Cement Company, e foi fundada em 1979. Situada no Estado de Gombe, tem mantido um funcionamento estável e eficiente.

Durante a privatização, 206.968.317 acções ordinárias da Empresa foram postas à venda através de uma venda combinada de 146.250.000 acções a N10,25 por ação a um investidor principal e uma oferta de venda de 60.718.317 acções ordinárias ao público a N8. 25 por ação. A venda ao investidor principal foi concluída com a Blue Circle PLC, uma empresa internacional de cimento sediada no Reino Unido, que se tornou um investidor principal bem sucedido na Ashaka, depois de pagar 1,49 mil milhões de dólares pela participação do Governo Federal. Na sequência desta venda bem sucedida, a Blue Circle Industries tornou-se ela própria uma filial do grupo sul-africano Lafarge.

[th]A oferta pública de 60.718.317 acções ordinárias foi aberta em 27 de março de 2000 e deveria ter sido oficialmente encerrada em 24 de abril de 2000. [thth]Para compensar a fraca adesão, o

período de oferta foi primeiro prorrogado até 9 de maio de 2000 e depois, finalmente, até 13 de outubro de 2000. No encerramento da oferta pública, tinham sido atribuídas 44 744 566 acções ordinárias, o que corresponde a uma taxa de subscrição de 73,7%. Destas, 3,8 milhões de acções ordinárias foram atribuídas aos trabalhadores da Ashaka. As restantes acções foram oferecidas primeiro ao Governo do Estado e depois a investidores institucionais. Após uma aceitação bem sucedida, a oferta de acções da AshakaCem PLC foi totalmente subscrita, com uma taxa de subscrição de 100% (BPE, 2003).

A empresa tem mantido uma taxa de produção estável com uma taxa média de utilização superior a 70%. A empresa está atualmente a procurar financiamento para investir num sistema de ignição de carvão que reduzirá o custo do principal componente do custo do combustível do forno em cerca de 50%. O projeto está atualmente estimado em 12 milhões de dólares e encontra-se em fase de revisão técnica. Para além das estratégias de redução de custos, a empresa planeia flexibilizar os seus preços e melhorar significativamente o seu serviço ao cliente, incluindo as condições de entrega.

2.5.2.4 <u>Northern Nigeria Cement Company PLC (NNCC)</u>

A CCNN Plc foi criada em 1967, em Sokoto, com uma capacidade instalada de 500 000 toneladas métricas. Durante a privatização, 177.289.351 acções ordinárias da CCN foram postas à venda sob a forma de uma venda combinada de 154.915.741 acções a N4,02 por ação a um investidor líder e uma oferta de venda de 22.373.610 acções ordinárias ao público em geral a N2,50 por ação. A venda ao investidor principal foi concluída com a Scancem AS, um produtor internacional de cimento sediado na Noruega, que se tornou o investidor principal bem sucedido na CCNN e pagou N622,8 milhões pela quota do governo federal. A Scancem é uma filial a 100% da Heidelberger Zement, um dos maiores produtores de cimento do mundo e o maior produtor de cimento da Europa.

ththA oferta pública de 22.373.610 acções ordinárias foi aberta a 8 de setembro de 2000 e encerrada oficialmente a 29 de setembro de 2000. No final da oferta pública, foram atribuídas 17.976.538 acções ordinárias, o que representa uma taxa de subscrição de 80,3%. As restantes acções foram oferecidas primeiro aos governos estaduais e depois aos investidores institucionais. Em resultado do sucesso da subscrição, a oferta de acções da CCNN Plc foi totalmente subscrita, com uma taxa de subscrição de 100% (BPE, 2003).

Para além da venda da empresa pelo Governo Federal, a empresa angariou fundos no mercado de capitais através da Investment Banking and Trust Company Limited (IBTC) para melhorar as suas operações. Em 2001, a IBTC angariou 1,05 mil milhões de dólares para a CCNN através de emissões de direitos e, no início de 2003, 1,5 mil milhões de dólares através de emissões de direitos sobre obrigações convertíveis.

A CCNN registou vendas e lucros excepcionais em 2004. Após um prejuízo de N108 milhões em 2003, a empresa registou um lucro após impostos de N744 milhões no terceiro trimestre de 2004. O volume de vendas da empresa também aumentou, com o relatório do terceiro trimestre a registar vendas de 4,7 mil milhões de dólares, 1,4 milhões de dólares ou 47,4% mais do que as vendas de todo o ano de 2003 (Egwuatu, 2005).

2.5.2.5 <u>Nigerian Cement Company Plc, (NigerCem) Nkalagu</u>

A Nigercem Plc é a empresa de cimento mais antiga da Nigéria. Foi fundada em 1957 e tem uma capacidade instalada de 600 000 toneladas por ano. Aquando da privatização, o Conselho Nacional para a Privatização (NCP) solicitou aos proprietários estatais que assinassem um Memorando de Entendimento (MOU) que previa a transferência de 51% da empresa para o Governo Federal da Nigéria (FGN), sem o que o FGN venderia a sua participação de 10% na bolsa de valores.

As acções da empresa foram agora vendidas a um investidor principal e ao público; após a conclusão das vendas, a Eastern Bulk Cement Company Limited, uma empresa registada na Nigéria que importa cimento em grandes quantidades, tornou-se o investidor principal na Nigercem Plc, tendo a Daewoo International Corporation como parceiro técnico. As obras de renovação das instalações da empresa já começaram e espera-se que a produção de cimento tenha início dentro de um ou dois anos (Security and Exchange Commission, (SEC), 2003). A produção ainda não começou na fábrica de cimento.

2.5.2.6 <u>Bendel Cement Company Limited</u>

A Edo Cement Company, uma filial da Scancem International AS da Noruega, adquiriu as acções da Bendel Cement Company. A operação foi realizada no âmbito de um acordo entre a Bendel Cement e a Edo Cement, através do qual os activos e as empresas da Bendel Cement foram transferidos para a Edo Cement em troca de acções da Edo Cement.

A Edo Cement Company está atualmente a renovar a fábrica herdada da Bendel Cement Company e, em 2004, a fábrica começou a ensacar cimento importado para o país (Obi, 2005).

2.5.2.7 <u>Calabar Cement Company (CalabarCem) Plc</u>

A United Cement Company of Nigeria (UNICEM), uma empresa comum da Flour Mill of Nigeria e da Holcim Trading SA, uma filial a 100% da Holcim Ltd, um consórcio espanhol, adquiriu com êxito os activos da Calabar Cement Company (em liquidação) no âmbito do programa de privatização do Governo do Estado de Cross River. A UNICEM é detida a 70% pela Holcim e a 30% pela Flour Mill of Nigeria.

A empresa finalizou os seus planos de construção de uma nova fábrica de cimento num terreno novo em Calabar. A nova fábrica terá uma capacidade de produção anual de 2,5 milhões de toneladas e situar-se-á perto do porto de Calabar. A empresa assinou um contrato de engenharia, aquisição e construção (EPC) no valor de 250 milhões de dólares com um consórcio FLSmidth/OCI para a construção chave-na-mão da fábrica. O início dos trabalhos de construção está previsto para fevereiro de 2005 e a sua conclusão para 26 meses. Prevê-se que o custo total de capital do projeto seja de $330 milhões, que serão financiados numa base de 60:40 de dívida para capital próprio. O capital externo será fornecido numa base de financiamento do projeto por um sindicato de bancos internacionais.(www.orascomci.comA direção do UNICEM esperava que a produção na nova fábrica começasse em finais de 2006 (Inyang, 2005). No entanto, a fábrica ainda não entrou em funcionamento.

2.5.3 Novos investimentos na indústria cimenteira nigeriana

Para além da privatização, a desregulamentação da indústria do cimento na Nigéria conduziu a novos investimentos no sector. O mais ambicioso destes investimentos é o que está atualmente a ser feito por vários investidores sob a liderança do grupo Dangote.

A Dangote Industries é atualmente o principal investidor em três fábricas de cimento no país, nomeadamente a fábrica de cimento de Ibese, no Estado de Ogun, a fábrica de cimento de Odukpani, no Estado de Cross River, e a fábrica de cimento de Obajana, no Estado de Kogi (Ogunseye, 2004).

No entanto, das três fábricas, apenas a fábrica de cimento de Obajana está quase concluída. [th]A primeira fase do projeto foi colocada em funcionamento em 18 de maio de 2007, com uma capacidade instalada de 15 000 toneladas métricas por dia, ou seja, 5 milhões de toneladas por ano. A fábrica foi construída pela F.L.Smidth, uma empresa de construção de cimento sediada nos Países Baixos. Trata-se de uma fábrica de cimento moderna com duas linhas de produção e uma central eléctrica independente com uma capacidade total de produção de 360 MW de eletricidade, dos quais apenas 85 MW são utilizados. A empresa pretende vender o excedente de eletricidade à rede nacional.

Foi igualmente lançada a primeira pedra da segunda fase, que deverá estar concluída em 2009. Uma vez concluída esta fase, a capacidade da fábrica deverá ser aumentada para 10 milhões de toneladas por ano.

A fábrica de cimento de Obajana foi financiada pela Sociedade Financeira Internacional (SFI) e por outras instituições financeiras locais e internacionais. A primeira fase do projeto foi concluída com um custo de mil milhões de dólares (Adeyemi, 2007).

A fábrica de cimento de Obajana é um projeto conjunto do Governo do Estado de Kogi e da Dangote Limited. A Dangote detém 60% do total das acções, contra 30% detidos pelo Governo do Estado de Kogi, enquanto os restantes 10% são detidos a título fiduciário por todos os indígenas do Estado de Kogi que desejem investir na fábrica (Kolawole, 2004).

Em 2003, os investidores uniram forças com o Governo do Estado de Akwa Ibom para formar a Quality Cement Company Limited (Quacem) e propuseram a construção de uma fábrica em Ikot Abasi. A Quacem começaria por ensacar o cimento importado e depois produziria cimento. No final de 2004, a data de início do ensacamento, prevista para outubro de 2004, tinha sido adiada para meados de 2005 (Governo do Estado de Akwa Ibom, 2005).

2.6 <u>Quadro teórico do estudo</u>

2.6.1 <u>Introdução à análise input-output</u>

A análise de entradas e saídas é um ramo importante da economia que utiliza a álgebra linear para modelar a interdependência das indústrias. Pode ser utilizada para modelar sectores industriais em economias nacionais ou diferentes unidades de produção dentro de uma grande empresa. O economista Wassily Leontief desenvolveu esta técnica de modelização e foi galardoado com o Prémio Nobel da Economia em 1973 por ter desenvolvido este método de análise económica. A análise input-output é uma técnica de planeamento e previsão com uma vasta gama de aplicações:

(i)   **<u>para efeitos de projeção e previsão</u> :**

      Após alguma manipulação, uma matriz de transacções entre sectores económicos pode fornecer ao planeador informações sobre a quantidade de um determinado bem necessária num determinado momento no futuro, assumindo uma determinada taxa de crescimento do rendimento nacional ou da procura final.

(ii)   **<u>fim da simulação</u> :**

      A simulação de alterações tem a ver com o que é economicamente viável, ao contrário da previsão, que tem a ver com o que se pode esperar com base em determinados pressupostos. A utilização de um quadro de entradas-saídas para efeitos de simulação implica, em primeiro lugar, determinar quais as alterações que são viáveis e, em seguida, utilizar o quadro de entradas-saídas para estimar o impacto das alterações no resto da economia.

(iii)   **<u>Prever a procura de importações</u>** e o impacto na balança de pagamentos para determinadas variações da procura final.

(iv)   **Previsão das necessidades de mão de obra com base num** determinado objetivo de crescimento.

(v)   **Previsão das necessidades de investimento de acordo com** um determinado objetivo de crescimento, quando se dispõe de informações sobre a relação entre o capital incremental e a produção para cada sector.

(vi)   **Calcule o multiplicador matricial** para as diferentes actividades, ou seja, os efeitos directos e indirectos na produção total de todas as actividades do sistema que resultam de uma alteração na procura da produção de uma determinada atividade.

(vii)   Destacar a força das ligações entre as actividades de uma economia.

(viii)   Representação da **tecnologia** de uma economia nacional.

As duas principais técnicas de entradas-saídas são a *análise de impacto* e *a projeção (ou imputação) de* entradas primárias (Oosterhaven, 1981; Konijn, 1994). A análise de impacto, a técnica mais tradicional de entradas-saídas, examina os efeitos de uma alteração da procura final sobre a produção dos sectores económicos. A segunda técnica consiste em projetar os factores de produção primários na procura final. Embora tradicionalmente apenas fossem analisados os factores de produção trabalho e capital, outros tipos de factores de produção foram posteriormente tomados em consideração. Desde o início dos anos 70, esta projeção tem sido utilizada no sector da energia (análise input-output da energia).

As duas técnicas de E/S mencionadas devem passar por três fases principais antes de poderem ser utilizadas na prática. A primeira etapa consiste na construção do *quadro de entradas e saídas no qual* são registadas as transacções relevantes; a segunda etapa envolve a derivação dos chamados *coeficientes de entradas* e *saídas* e a terceira etapa consiste na inversão da chamada *matriz de Leontief para obter* uma solução geral.

2.6.2 Análise energética input-output

A Análise Energética Input-Output (IOEA) é um campo específico de aplicação da Análise Económica Input-Output (IOEA), em que o foco está nas necessidades de energia primária da produção e do consumo numa economia. Permite ao utilizador avaliar a energia incorporada necessária para produzir um bem ou serviço, ou seja, a quantidade de energia primária direta e indireta consumida para produzir e fornecer o bem ou serviço ao mercado (Slesser, 1989). O consumo direto de energia de um sector económico inclui a energia diretamente consumida no processo de produção desse sector. O consumo indireto de energia de um sector económico inclui toda a energia necessária para produzir e fornecer os bens e serviços utilizados no processo de produção. Estes bens e serviços incluem bens e serviços nacionais e estrangeiros, bem como bens de equipamento.

A utilização da IOEA como uma importante ferramenta de análise energética começou com o trabalho pioneiro de Wright (1974), que a utilizou para estimar os custos energéticos de bens e serviços com base em dados de input-output para o Reino Unido e os EUA, e Pick e Becker (1975), que também a utilizaram para estimar os custos energéticos para o Reino Unido. Em ambos os estudos, foram adoptadas tarifas energéticas uniformes para todos os sectores económicos, a fim de converter os valores em dólares dos quadros publicados nos fluxos energéticos correspondentes. Além disso, foi atribuído um valor energético nulo às importações.

No entanto, foi o trabalho pioneiro de Bullard, Herenden, Hannon e seus colegas do Centro de Computação Avançada (CAC) da Universidade de Illinois que lançou as bases da IOEA na sua forma atual (Bullard e Herendeen, 1975). O método de Bullard e Herendeen tem sido geralmente reconhecido como o mais útil para a análise energética, uma vez que permite distinguir a energia primária da energia secundária, o que não é possível com outros métodos (Herendeen, 1978).

Ao longo dos anos, o método AIEO tem sido amplamente utilizado para estimar as necessidades energéticas de vários sectores económicos em vários países, incluindo os Estados Unidos da América (EUA) (Wright, 1974), o Reino Unido (UK) (Pick e Becker, 1975 ; Wright, 1975), Alemanha (Denton, 1975), Escócia (Ali - Ali, 1979), Austrália (Karunaratne, 1981), Canadá (Bush, 1981), Taiwan (Wu e Chen, 1989), Nova Zelândia (Peet, 1986) e Turquia (Burhan Ozkon et al, 2004).

Neste estudo, a análise energética de entradas e saídas é utilizada para determinar a procura total de energia primária para a produção de uma fábrica de cimento na Nigéria. A procura de energia primária é também referida como procura de energia cumulativa, procura de energia total ou procura de energia integrada.

2.6.3 Teoria da análise energética input-output

O quadro de entradas-saídas é a base da análise de entradas-saídas de energia e é composto por n linhas e T colunas. A dimensão efectiva do quadro depende, teoricamente, apenas do nível de desagregação necessário para a análise do problema em questão, ao passo que, na prática, é limitada pela disponibilidade de dados. Regra geral, n representa o número de sectores industriais em que a economia foi desagregada, enquanto T representa todos os n sectores mais as componentes adicionais que constituem o sector da procura final.

Os princípios gerais da análise energética input-output (Bullard e Herendeen, 1975) podem ser ilustrados pelo sector económico geral *j* apresentado na Figura 1.2:

Figura 1.2: Sector económico geral

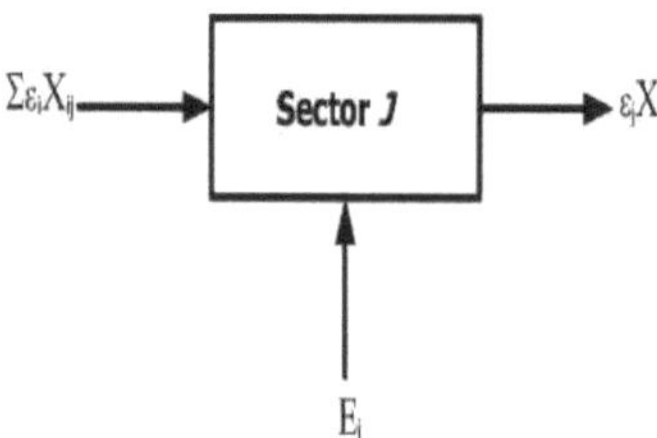

Os símbolos representam

X_{ij} :   Transacções do sector i para o sector j ;

X_j :   Produção total do sector j ;

G_j: intensidade de energia incorporada por unidade X_j (ou seja, a quantidade de energia primária,

    consumidos direta e indiretamente na produção e entrega à "porta da fábrica" do

    sectorj de uma unidade do bem ou serviço representado pela transação X_j);

E_j: energia extraída da terra pelo sector j: diferente de zero para os sectores de energia primária

    apenas

Todas as medições são efectuadas durante um período normalizado, geralmente um ano.

Se a intensidade energética da produção de um sector é de j G_j MJ por unidade de produção e a produção total é de j G_j MJ por unidade de produção, a produção total é de j G_j MJ.

A produção é X_j, a energia total contida nesta produção é $\mathcal{E}_j \, X_j$ e é igual à soma de todas as entradas de energia dos outros sectores, Lei $A_{ij} X_{ij}$, em que A_{ij} é o rácio X_{ij} / X_j, ou seja, a proporção da produção total do sector j que provém da entrada do sector i.

Assim, se j é um sector de energia primária,

Em representação matricial, o balanço energético é o seguinte, em que $\mathbf{X}$ é uma matriz diagonalizada de produções sectoriais. Este conjunto de n equações pode ser resolvido para *n* incógnitas, $\mathcal{E}$.

Para um produto típico j, a tecnologia de produção é representada por um vetor **A**, em que um item típico Aij representa a quantidade de produto i diretamente necessária para produzir uma unidade do projeto j. A matriz n Xn **A** fornece então uma representação linear da tecnologia de produção de todos os bens e serviços da economia.

$$\sum \in_i A_{ij} X_{ij} \; + \; E_j \qquad\qquad = \; \in_j X_j \qquad (2.6)$$

$$\in A \; + \quad E \; = \quad \in X \qquad\qquad (2.7)$$

A solução para a intensidade energética, $\mathcal{C}$

$$\mathcal{C} = \mathcal{C} \, (I - A)^{-1} \qquad (2.8)$$

[1]Onde **e** é um vetor unitário que define a linha do sector energético de **(I -A)** como o custo energético de bens e serviços, e I é a matriz de identidade. [1]Na IOEA, **e** representa o vetor de intensidade energética direta e **(I -A)** a matriz inversa de Leontief. O vetor de intensidade energética é, portanto, o produto matricial do vetor de intensidade energética direta e da matriz inversa de Leontief.

A intensidade energética $\mathcal{C}$ ou energia contida numa unidade de produção representa a necessidade total de energia (direta e indireta) da produção de uma unidade de produto no sector j para consumo final.

A análise das entradas e saídas de energia exige um quadro dos fluxos directos de energia para todos os sectores económicos. Estes dados são úteis para análises transversais do consumo de energia por sector, ou como pontos de dados para estudos de entradas industriais utilizando dados de séries temporais. O cálculo dos coeficientes estruturais permite identificar os bens que consomem as maiores quantidades de energia direta por produção, enquanto o cálculo da intensidade energética leva esta medida um pouco mais longe, destacando os bens que consomem mais energia quando todas as fontes de energia directas e indirectas são tidas em conta. O cálculo da intensidade energética permite ao analista determinar a quantidade total de energia, por tipo de combustível, necessária para aumentar em uma unidade a produção de um determinado bem e, assim, prever o impacto de uma alteração da procura de produção no consumo de energia.

Embora a estrutura tradicional do modelo AIEO seja adequada para muitos objectivos, pode ser complicada para certos tipos de estudo, particularmente os que envolvem mudanças na tecnologia de fornecimento e utilização de energia na sociedade. As alterações na disponibilidade de recursos primários e na eficiência da utilização da energia, bem como as substituições entre fontes de combustível e entre produtos intermédios não energéticos, são exemplos óbvios em que as intensidades energéticas não são claramente constantes. Este problema decorre da natureza e complexidade das interacções entre o aprovisionamento energético e os sectores industriais.

2.6.4 **O conceito de exergia**

A energia manifesta-se de muitas formas, cada uma com as suas próprias características e qualidade. A qualidade da energia é sinónimo da sua capacidade de provocar mudanças. A qualidade de uma determinada forma de energia depende também da forma como é armazenada. Pode ser ordenada ou desordenada (aleatória), com diferentes graus de aleatoriedade. A entropia é uma medida da aleatoriedade microscópica e da incerteza resultante sobre o estado microscópico de um sistema. É também uma medida da "indisponibilidade" de uma determinada forma desordenada de energia para a transformar numa forma ordenada.

A qualidade (capacidade de mudança) das formas de energia desordenadas, caracterizadas pela entropia, é variável e depende tanto da forma de energia (química, térmica, etc.) como dos parâmetros do vetor energético e do ambiente. Em contrapartida, as formas ordenadas de energia, que não se caracterizam pela entropia, têm uma qualidade invariável e podem ser inteiramente convertidas noutras formas de energia pela interação do trabalho. Para ter em conta a qualidade variável das diferentes formas desordenadas de energia aquando da análise dos processos térmicos e químicos, é necessário um padrão de qualidade universal; o padrão mais natural e adequado é o trabalho máximo que pode ser obtido a partir de uma dada forma de energia utilizando os parâmetros ambientais como estado de referência. Este padrão de qualidade da energia é designado por **exergia** (Kotas, 1981).

Uma das principais aplicações deste conceito é o balanço exergético na análise de sistemas térmicos. O balanço exergético é semelhante a um balanço energético, mas com uma diferença fundamental: o balanço energético é um enunciado da lei da conservação da energia, enquanto o balanço exergético pode ser visto como um enunciado da lei da degradação da energia. A degradação da energia é equivalente à perda irrecuperável de exergia, porque todos os processos reais são irreversíveis.

2.6.4.1 <u>Definição do ambiente</u>

O ambiente, como conceito no método exergético, é um corpo muito grande ou um meio num estado de equilíbrio termodinâmico perfeito. Neste ambiente concetual, não existe, portanto, qualquer gradiente ou diferença de pressão, temperatura, potencial químico, energia cinética ou potencial e, por conseguinte, não há qualquer possibilidade de gerar trabalho por qualquer forma de interação entre partes do ambiente. Qualquer sistema fora do ambiente que tenha um ou mais parâmetros, como a pressão, a temperatura ou o potencial químico, diferentes dos parâmetros ambientais correspondentes, tem um potencial de trabalho em relação ao ambiente. O ambiente é, por conseguinte, um meio de referência natural para avaliar o potencial de trabalho de diferentes sistemas.

O ambiente pode interagir com os sistemas de três formas diferentes:

(a) Por interação térmica como reservatório (fonte ou sumidouro) de energia térmica à temperatura T_0: devido à enorme capacidade térmica do ambiente, este é capaz de trocar calor com qualquer sistema criado pelo homem sem que a sua temperatura se altere significativamente.

(b) Por interação mecânica como reservatório de trabalho inutilizável: esta forma de interação só ocorre em sistemas que sofrem uma alteração de volume durante o processo considerado.

(c) Por interação química como reservatório de uma substância de baixo potencial químico em equilíbrio estável: este tipo de interação ocorre sempre que um sistema aberto liberta substâncias para o ambiente ou absorve substâncias de baixo potencial químico.

Graças a este tipo de interação com o meio ambiente, a exergia do meio natural não é nula, uma vez que se pode ganhar trabalho se este atingir o equilíbrio.

2.6.4.2 <u>Análise energética</u>

A exergia é definida como o trabalho útil máximo que pode ser obtido de um sistema num determinado estado e ambiente (Cengel e Boles, 1998). A análise exergética é uma ferramenta para determinar a parte útil da energia que flui através de um sistema. A análise exergética de um sistema ajuda a identificar as principais fontes de perda e dá uma imagem mais exacta do desempenho do que a visão teórica.

A análise exergética baseia-se na segunda lei da termodinâmica e no conceito de produção irreversível de entropia. O consumo de exergia durante um processo é proporcional à produção de entropia devido a irreversibilidades. É uma ferramenta útil para avançar no objetivo de uma utilização mais eficiente da energia, uma vez que ajuda a determinar a localização, a natureza e a verdadeira extensão dos desperdícios e perdas de energia num sistema.

Na análise exergética, são geralmente consideradas três formas de transferência de exergia: transferência de exergia com interação de trabalho, interação térmica e interação de massa. Isto é representado matematicamente da seguinte forma (Costa et al, 2001):

$$B = U + P_o + ToS + 2un \qquad (2.9)$$

Onde B é a exergia, U a energia interna, P a pressão, T a temperatura, S a entropia, u_i o potencial químico e n_i o número de moles. O potencial de trabalho da energia contida num sistema num determinado estado é simplesmente o trabalho máximo útil que pode ser extraído do sistema. O trabalho realizado num processo depende do estado inicial, do estado final e do caminho percorrido pelo processo. Por outras palavras

$$\text{Trabalho} = f\,(\text{estado inicial, trajetória do processo, estado final}) \qquad (2.10)$$

Numa análise exergética, o estado inicial é fixo e, portanto, não é uma variável. Além disso, são consideradas duas formas de equilíbrio aquando da realização de uma análise exergética: o estado ambiente (estado morto restrito) e o estado morto (sem restrições). O estado ambiente é um equilíbrio restrito no qual as condições mecânicas e térmicas são satisfeitas. O estado morto é um equilíbrio sem restrições no qual as condições mecânicas, térmicas e de potencial químico são satisfeitas.

A primeira etapa de uma análise exergética consiste em determinar o balanço exergético de um processo ou sistema. Este passo é ilustrado na Figura 2.3.

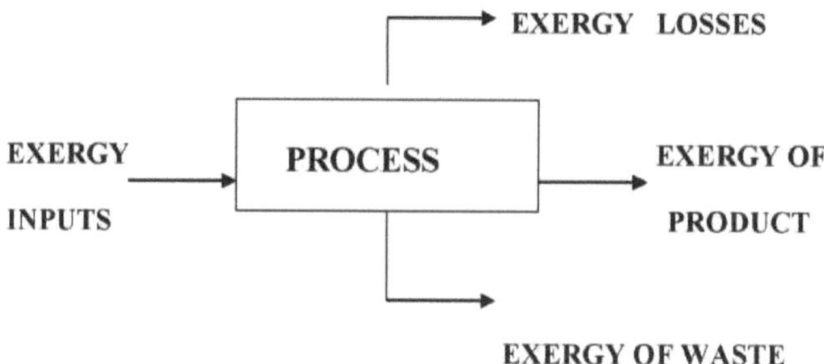

Figura 2.3: Balanço energético de um processo

O balanço exergético é representado pela seguinte equação.

As perdas de exergia são principalmente devidas a irreversibilidades, enquanto a exergia residual inclui a exergia dos resíduos sólidos e líquidos, bem como as emissões atmosféricas. A exergia útil é a exergia dos produtos. Pode ser calculada a partir do balanço de exergia da seguinte forma,

2.6.4.3 <u>Componentes do Exergie</u>

A exergia de um fluxo de matéria, B, pode ser dividida em diferentes componentes. Na ausência de efeitos nucleares, magnetismo, eletricidade e tensão superficial, B

$$B_{input} = B_{product} + B_{losses} + B_{waste} \qquad (2.11)$$

$$B_{product} = B_{input} - B_{losses} - B_{waste} \qquad (2.12)$$

$$B = B_k + B_p + B_{ph} + B_{ch} \qquad (2.13)$$

Em que B_k é a exergia cinética, B_p é a exergia potencial, B_{ph} é a exergia física e B_{ch} é a exergia química. A exergia cinética e a exergia potencial estão associadas a energia de alta qualidade, enquanto a exergia física e a exergia química estão associadas a energia de baixa qualidade.

A energia cinética e a energia potencial de um fluxo de materiais são formas ordenadas de energia e são, portanto, inteiramente convertíveis em trabalho. Consequentemente, quando avaliadas em relação a níveis de referência ambientais, são iguais à exergia cinética e à exergia potencial.

Como as mudanças na exergia cinética e potencial são insignificantes neste estudo, apenas a exergia física e química é estimada, reduzindo a equação para :

$$B = B_{ph} + B_{ch} \qquad (2.14)$$

Devido à natureza desordenada e dependente da entropia da energia física e química, os componentes exergéticos correspondentes só podem ser determinados considerando um sistema composto em duas partes, o fluxo em consideração e o ambiente.

Em princípio, a exergia total derivada de formas de energia desordenadas pode ser determinada a partir de um dispositivo idealizado no qual o fluxo sofre processos físicos e químicos enquanto interage com o ambiente. No entanto, é útil separar a exergia física B_{ph} da exergia química B_{ch} para calcular os valores de exergia utilizando tabelas de exergia química padrão. O estado de separação nos processos utilizados para determinar a exergia física e química é o estado do ambiente (T_o, P_o).

2.6.4.4 **Energia física**

A exergia física é igual à quantidade máxima de trabalho que pode ser obtida quando o fluxo de matéria é levado do seu estado inicial para o estado ambiente definido por P_0 e T_0 por processos físicos que envolvem apenas interação térmica com o ambiente. A expressão da exergia física pode ser obtida utilizando esta definição em relação à Figura 2.4, em que o módulo X representa um dispositivo ideal no qual o fluxo sofre determinados processos reversíveis.

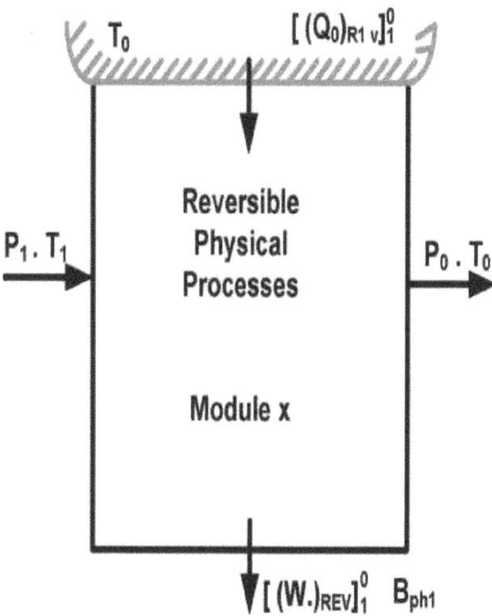

Figura 2.4: Um módulo reversível para determinar a exergia física de um fluxo contínuo de matéria.

O estado da corrente na entrada do módulo é definido por $P1$ e T_1. O estado inicial corresponde ao estado do ambiente, ou seja, a pressão e a temperatura do fluxo são P_0 e T_0. A única interação associada aos processos no módulo é a transferência reversível de calor com o ambiente. Os processos físicos reversíveis hipotéticos que podem ser utilizados para determinar a exergia física devem satisfazer as condições de reversibilidade interna e externa; muitas combinações diferentes de processos podem satisfazer estas condições. Uma combinação particular de processos reversíveis, seguida de um processo isotérmico, é ilustrada na Figura 2.5 (a). Neste caso, a condição de reversibilidade externa é satisfeita pelo facto de a transferência de calor ter lugar a $T = T_0 =$ constante. A exergia física do escoamento de um fluido simples homogéneo no estado 1 é dada pela soma das áreas hachuradas na Figura 2.5 (a).

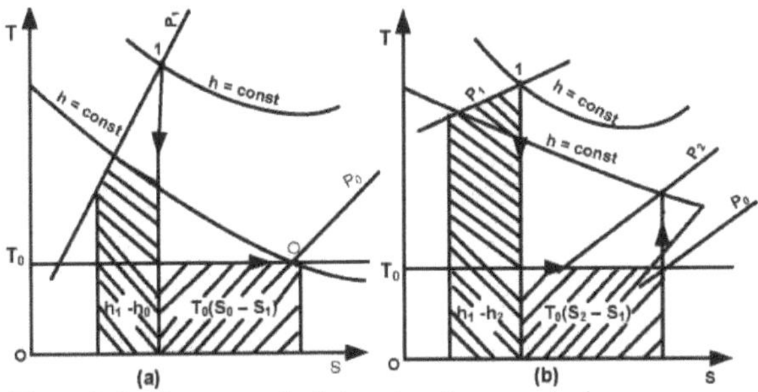

Figura 2.5:- Processos de determinação reversíveis
     (a) Energia física
(b) Uma variação da exergia física de um escoamento uniforme de um fluido homogéneo simples

Da definição resulta que o trabalho reversível fornecido pelo módulo é igual à exergia específica da corrente e é dado por :

$$Bphi = (h_i - T_o s_i) - (h_o - T_o s_o) \qquad (2.15)$$

Para a análise de um processo físico, precisamos geralmente da diferença em Bph para dois estados e não dos valores individuais. Assim, a Equação 2.15 dá

$$Bphl - Bph2 = (h_i - h_?) - T_o(s_1 - s_2) \qquad (2.16)$$

Utilizando o mesmo tipo de representação que na Figura 2.5 (a), esta diferença em Bph é representada pela soma das duas áreas hachuradas na Figura 2.5 (b). A equação 2.16 mostra que T_o é o único parâmetro ambiental relevante na avaliação das variações de Bph.

A exergia física de um fluxo de material pode naturalmente ser dividida em dois componentes. Os componentes da exergia física são claramente ilustrados se considerarmos um par de processos reversíveis hipotéticos (Figura 2.6(a)) para estimar a exergia física. No processo apresentado, existe um processo isobárico com uma pressão inicial P1, seguida de uma pressão de

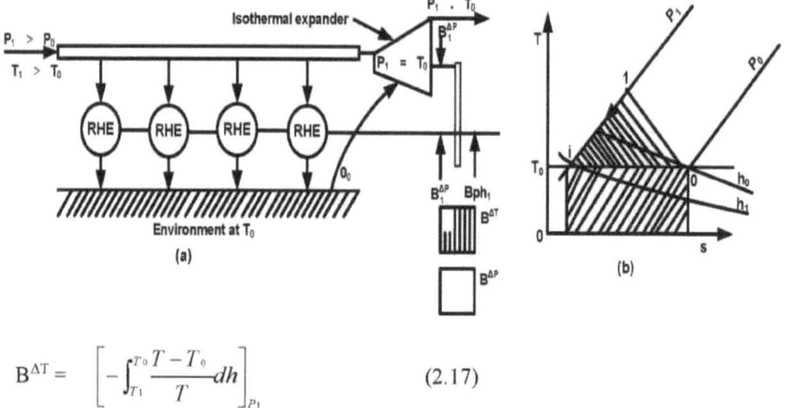

$$B^{\Delta T} = \left[-\int_{T_1}^{T_0} \frac{T - T_0}{T} dh \right]_{P_1} \qquad (2.17)$$

processo isotérmico correspondente à temperatura ambiente T₀. O processo é representado nas coordenadas T - s da Figura 2.6 (b).

Figura 2.6:- Determinação de Bph para um fluido homogéneo simples quando P1 > P0 e T1 > T0.

O processo isobárico reversível é mostrado na Figura 2.6 (b) na sua forma idealizada como um processo de arrefecimento, no qual a energia térmica derivada da eletricidade é utilizada numa série de motores térmicos reversíveis que operam entre a temperatura do gás nas diferentes fases do processo de arrefecimento e a temperatura ambiente.

ᴬᵀA componente da exergia física correspondente a este trabalho reversível, que resulta da diferença de temperatura entre a corrente e o ambiente, é designada por componente térmica da exergia física (B) e exprime-se da seguinte forma :

O segundo processo tem lugar de forma reversível no expansor isotérmico representado na Figura 2.5 (a). O trabalho reversível obtido no processo de expansão é igual à segunda componente da exergia física do fluxo. ᴬᴾEsta segunda componente, que resulta da diferença de pressão entre a corrente e o ambiente, é designada por componente de pressão da exergia física (B) e é expressa da seguinte forma

$$\text{ᴬᴾB} = \text{P}_\text{ara} (s_0 - s_1) - (h_0 - h_1) \qquad (2.18)$$

A componente de pressão da exergia é representada pela área retangular sombreada abaixo da linha de processo i - 0 no diagrama T - S da Figura 2.6 (b).

A exergia física de um fluxo de matéria pode ser claramente expressa como uma função com dois componentes: $B_{ph} = B + B$ (2.19)

Inserindo a relação com o gás perfeito na equação (2.19), obtém-se uma expressão para a exergia física específica de um gás perfeito:

$$B_{ph} = Cp\,(T - T_0) - T_0 \left[Cp \ln \frac{T}{T_0} - R \ln \frac{P}{P_0} \right] \qquad (2.20)$$

2.6.4.5 Energia química

A exergia química é igual à quantidade máxima de trabalho que pode ser obtida quando a substância em questão é levada do estado de meio ambiente para o estado de substância morta por processos que envolvem apenas a transferência de calor e a troca de matéria com o meio ambiente.

Para avaliar a exergia de um fluxo de substâncias com base na diferença entre o seu potencial químico e o do ambiente, é necessário relacionar as propriedades dos elementos químicos do fluxo com as propriedades de algumas substâncias correspondentes, escolhidas adequadamente, no ambiente. Uma caraterística essencial desta substância de referência é o facto de ter de estar em equilíbrio com o resto do ambiente. Por exemplo, o CO_2 é uma substância de referência adequada para o C, mas não para o carbono não oxidado presente nos depósitos de combustíveis fósseis na crosta terrestre, nem para o CO, que só raramente está presente no ambiente. De entre as várias substâncias ambientais que contêm um determinado elemento químico, é evidente que a que tem o potencial químico mais baixo é a mais adequada como substância de referência para o elemento químico em questão. Além disso, a concentração ambiental de uma substância de referência proposta deve ser conhecida com suficiente exatidão. Se o sistema em causa for composto por substâncias de referência em qualquer estado, as substâncias de referência são as substâncias correspondentes no estado morto.

CO_2 e O_2, que são componentes normais da atmosfera e estão em equilíbrio termodinâmico com outros componentes do ambiente. Por conseguinte, estas substâncias foram escolhidas como substâncias de referência para o carbono e o oxigénio, respetivamente.

(i)   Energia química da substância de referência.

Para determinar a exergia química de uma substância de referência, o processo utilizado deve ser completamente reversível. O estado inicial deste processo é o estado ambiente, definido por P_0 e T_0, e o estado final é o estado morto, definido por T_0 e a pressão parcial, P_{00}, da substância gasosa de referência considerada como componente da atmosfera. Como os estados inicial e final são ambos caracterizados pela mesma temperatura, T_0, pode ser utilizado um processo isotérmico reversível para reduzir a substância de T_0, P_0 para T_0, P_{00}. No final do processo de expansão, quando a pressão do gás tiver baixado para a sua pressão parcial no ar atmosférico, o gás pode ser expelido reversivelmente (através de uma membrana semipermeável) para a atmosfera. O trabalho efectuado durante este processo por mole de substância corresponde à exergia química molar B_{ch}.

Para um gás ideal :

$$B_{ch} = RT_0 \ln p \qquad\qquad (2.21)$$

Cacau

(ii)   Energia química de um combustível gasoso

Para determinar a exergia química do combustível gasoso, o processo reversível escolhido deve envolver uma reação química reversível para transformar o combustível em uma ou mais substâncias de referência, utilizando o oxigénio do ambiente. Uma vez que a reação é reversível, esta forneceria o trabalho máximo da reação. Um dispositivo reversível deste tipo para determinar a exergia química do monóxido de carbono é apresentado em

Figura 2.7. Consiste numa caixa de equilíbrio de van't-Hoff com os compressores e válvulas de expansão necessários para a reação reversível de CO e O_2. Os dois reagentes são introduzidos na caixa de equilíbrio e o produto, CO_2, é removido no estado ambiente (P_0, T_0). O trabalho líquido fornecido pela caixa de equilíbrio é - ($JI\ G_0)_{co}$. O compressor isotérmico reversível fornece oxigénio atmosférico à caixa de equilíbrio, enquanto o expansor isotérmico reversível liberta reversivelmente CO_2 para a atmosfera. $_{ch}$O trabalho realizado no compressor por mole de CO é $\left(B_{ch}\right)$ O_2 e o trabalho correspondente realizado pelo expansor é $\left(B\right)$ CO_2, como se mostra a seguir. O trabalho efectuado por estas duas máquinas é combinado com o trabalho efectuado pela caixa de equilíbrio. O trabalho líquido destes processos reversíveis por mole de CO é igual à energia química molar do CO. A energia química molar do CO pode, portanto, ser expressa da seguinte forma:

Figura 2.7: Dispositivo reversível para determinar a exergia química do monóxido de carbono.

$$\left(B_{ch}\right)_{co} = -(\Delta\ G_0)_{co} + \left(B_{ch}\right)_{CO_2} + \frac{1}{2}\left(B_{ch}\right)_{O_2} \qquad (2.22)$$

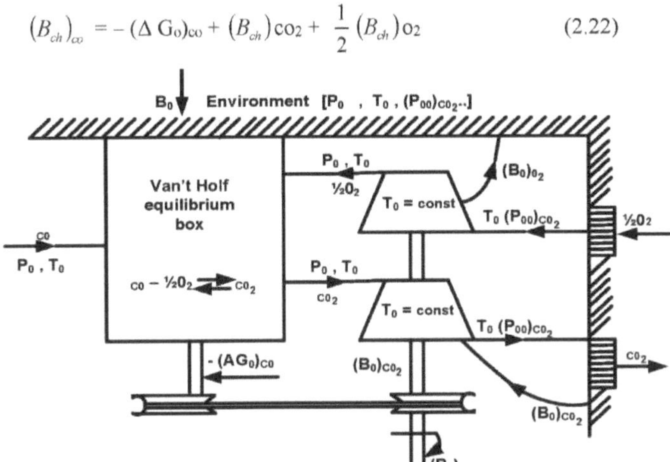

(iii)   Energia química dos combustíveis industriais

Se os dados necessários estiverem disponíveis, a exergia química de uma substância combustível pode ser determinada:

$$B^0 = -\Delta h^0 + T^0\Delta S^0 + RT^0\left(x_{O_2}ln\frac{P_{O_2}^{00}}{P^0} - \sum_K x_K ln\frac{P_K^{00}}{P^0}\right) \qquad (2.23)$$

$$\varphi = \frac{B^0}{(NCV)} \qquad (2.24)$$

O índice k refere-se aos componentes da combustão. Esta expressão pode ser utilizada para calcular a exergia química dos combustíveis gasosos, para os quais se pode determinar a composição química e obter dados termoquímicos dos componentes. Os combustíveis industriais sólidos e líquidos são soluções de numerosos compostos químicos, cuja natureza é geralmente desconhecida. [0]Por conseguinte, é difícil determinar a entropia de reação As destes combustíveis com um grau de precisão razoável. [00]Szargut e Styrylska (1964) assumiram que a relação entre a exergia química B e o poder calorífico inferior (PCI) é a mesma para os combustíveis industriais sólidos e líquidos e para as substâncias químicas puras, com a diferença de que a exergia química B é a mesma para os combustíveis industriais sólidos e líquidos e para as substâncias químicas puras.

rácios iguais de componentes químicos. Este rácio é denotado por φ, ou seja
Depois de calcular os valores de φ para muitas substâncias orgânicas puras que contêm C, H, O,
N e S, correlações que exprimem a dependência de φ das proporções atómicas

$H\!/\!_C$, $O\!/\!_C$

e, nalguns casos, *as CF* foram deduzidas. Partiu-se do princípio de que a aplicabilidade do
As expressões podem ser alargadas aos combustíveis fósseis industriais.

Para as substâncias orgânicas secas contidas nos **combustíveis fósseis sólidos, compostas por**
C, H, O e N, e com uma razão mássica oxigénio/carbono inferior a 0,667, foi determinada a

seguinte expressão em termos de razão mássica.

$$\varphi_{dry} = 1.0437 + 0.1882\frac{h}{c} + 0.0610\frac{o}{c} + 0.0404\frac{n}{c} \tag{2.25}$$

$$\varphi_{dry} = \frac{1.0438 + 0.1882\frac{h}{c} - 0.2509\left(1 + 0.7256\frac{h}{c}\right) + 0.0383\frac{n}{c}}{1 - 0.3035\frac{o}{c}} \tag{2.26}$$

$$\varphi = 1.0401 + 0.1728\frac{h}{c} + 0.0432\frac{o}{c} + 0.2169\frac{s}{c}\left(1 - 2.0628\frac{h}{c}\right) \tag{2.27}$$

Onde c, h, o e n são as fracções mássicas de C, H, O e N, respetivamente. Com a restrição de

que o limite superior de °/ não *deve ser excedido*, a equação 2.25 é aplicável a um grande

número de combustíveis sólidos industriais, mas não à madeira. Estima-se que a exatidão da

expressão seja melhor que ± 1%.

$_c$Para os combustíveis fósseis com um rácio de massa de 2,67 > °/ > 0,667, incluindo a

madeira, é utilizado o termo ^seco:

Para os **combustíveis líquidos,** o efeito do enxofre foi tido em conta na correlação, de modo
que a expressão

A exatidão desta expressão é estimada em ± 0,38%.

A exergia química de um combustível constituído por uma mistura conhecida de componentes

gasosos pode ser calculada a partir da equação 2.27. No entanto, como a composição dos

combustíveis gasosos comuns varia dentro de limites relativamente estreitos, o valor de φ,

uma vez calculado para um combustível de composição típica, pode ser utilizado com razoável precisão noutros casos.

O Apêndice C1 contém valores típicos para três combustíveis industriais gasosos comuns e algumas outras substâncias combustíveis.

2.7 A contribuição da investigação para o conhecimento

O nível de desenvolvimento, as necessidades actuais da indústria e a política governamental que rege as actividades da indústria determinam geralmente as actividades de investigação na indústria do cimento a nível mundial. Isto faz com que as actividades de investigação na indústria do cimento dependam de país para país e de região para região.

Na Europa, por exemplo, o foco da investigação na indústria está a deslocar-se do processo de produção propriamente dito para o desempenho do produto como material de construção e para a consideração dos aspectos ambientais nas actividades de produção da indústria. De acordo com a CEMBREAU - a associação europeia do cimento, sediada em Bruxelas - esta mudança de foco é o resultado da introdução de uma "norma europeia do cimento" única e harmonizada, que define os requisitos que um produto deve cumprir para receber a marcação CE e ser autorizado a ser vendido no mercado interno da União Europeia. [st]O cumprimento desta norma é obrigatório desde 1 de abril de 2002. Do mesmo modo, no que diz respeito às questões ambientais, a tónica é agora colocada no cumprimento da diretiva IPPC (Integrated Pollution Prevention Control) da União Europeia, que exige uma redução de 8% das emissões de gases com efeito de estufa até 2008-2012, em comparação com os níveis de 1990. Esta é a tendência atual da investigação na indústria cimenteira europeia (CEMBUREAU, 2001).

Nos Estados Unidos da América (EUA), a tendência atual e as preocupações da indústria estão relacionadas com o comércio (importações de cimento) e as questões ambientais. Atualmente, a Agência de Proteção Ambiental (EPA) do governo dos EUA está a considerar a introdução de uma taxa de carbono sobre os combustíveis e a eletricidade utilizados na indústria cimenteira, a fim de forçar os operadores da indústria a reduzir a quantidade de emissões de gases com efeito de estufa de NO_2, SO_3 e poeiras de forno de cimento (CKD), que são considerados os principais resíduos nocivos da indústria. A maior parte da investigação realizada na indústria cimenteira americana aponta nesta direção, uma vez que a maioria das fábricas de cimento procura formas de evitar o pagamento deste novo imposto assim que ele é anunciado (Nathan et al., 1999).

Na Índia, o quarto maior produtor mundial de cimento, depois da China, do Japão e dos Estados Unidos (EUA), a indústria do cimento enfrenta problemas de produtividade, crescimento, energia e substituição de materiais. As necessidades de eletricidade da indústria cimenteira indiana são satisfeitas pelos State Electricity Boards (SEB), que se revelaram ineficientes. A indústria continua a sofrer de frequentes cortes de energia, apagões e baixa tensão, pelo que continua a procurar formas mais baratas de produzir eletricidade para satisfazer a procura local e melhorar a produtividade (Katja et al., 1999). Cerca de 94% das necessidades de energia térmica da indústria cimenteira indiana são satisfeitas pelo carvão. A parte restante é coberta por fuelóleo e gasóleo de alta velocidade.

Atualmente, a indústria indiana do cimento sofre de uma escassez de carvão, de uma disponibilidade insuficiente de vagões para o transporte ferroviário de carvão e de uma disponibilidade limitada de fuelóleo. Até à data, não existe um verdadeiro substituto para o carvão e um aumento da quota do petróleo significaria que

representam uma saída significativa de divisas e um encargo para a economia. É por esta razão que está a ser financiado um grande número de actividades de investigação na Índia para encontrar fontes de energia alternativas que satisfaçam as necessidades de calor e eletricidade da indústria e para introduzir tecnologias mais eficientes e limpas que aumentem a produtividade.

Como demonstrado nas secções anteriores, a indústria cimenteira nigeriana enfrenta problemas de aumento da produção para satisfazer a procura local, reduzir os custos de produção e encontrar sistemas de produção mais eficientes, bem como problemas de melhoria do seu perfil de procura e oferta de energia. Por conseguinte, este estudo não só contribuirá para o conjunto de estudos sobre energia num país em desenvolvimento como a Nigéria, mas também para uma melhor compreensão das complexas questões energéticas e ambientais na indústria cimenteira nigeriana e, espera-se, facilitará e incentivará o planeamento e a formulação de políticas de eficiência energética na indústria cimenteira nigeriana.

Esta investigação deve também ajudar a compreender melhor e a projetar a procura total de energia do sector do cimento, a fim de avaliar a procura total de energia do país e o impacto da utilização ineficiente de energia pelo sector do cimento no sector energético do país e nos planos de desenvolvimento globais.

CAPÍTULO TRÊS

METODOLOGIA DE INVESTIGAÇÃO

3.1 Âmbito do estudo

O estudo centra-se no aspeto dos estudos energéticos, que examinam a eficiência da utilização dos fornecimentos de energia existentes para a indústria do cimento na Nigéria, bem como o impacto ambiental e os custos associados.

O estudo utiliza o **método de Análise Energética Input-Output (IOEA)** para estimar a **intensidade energética incorporada da** produção de cimento, ou seja, quantificar não só a energia direta facilmente identificável e mensurável para o processo de produção de cimento, mas também a energia indireta. **A análise exergética** é também utilizada no estudo para estimar **a eficiência da utilização de energia** no processo de fabrico de cimento, enquanto o impacto ambiental do processo de fabrico de cimento é avaliado através da estimativa **das emissões de CO2 da** indústria.

O estudo também utiliza a estimativa do **índice de poluição** para avaliar o impacto ambiental e a eficiência da tecnologia utilizada para produzir cimento, enquanto os **custos energéticos da produção** são estimados utilizando técnicas de contabilidade energética.

3.2 Recolha de dados

Os dados para o estudo foram recolhidos junto dos dois principais produtores de cimento, que representam mais de 80% da produção de cimento na Nigéria. Estes locais de produção de cimento são

1. West African Portland Cement PLC (WAPCO) - Fábrica de Sagamu

2. Ashaka Cement Company PLC, Ashaka, Estado de Gombe.

Foram efectuadas várias visitas a estas fábricas de cimento, a fim de recolher informações sobre os processos de produção, a disposição das instalações, as fontes de energia utilizadas na produção e dados sobre a produção e transacções de energia. Além disso, foi efectuada uma extensa pesquisa de dados na literatura disponível na Internet, no Ministério Federal da Indústria e noutras organizações relevantes, a fim de recolher dados adicionais sobre a produção passada e outras actividades das fábricas de cimento seleccionadas. Para uma recolha e análise eficientes dos dados, este estudo foi subdividido nas seguintes secções

A indústria do cimento numa economia é composta por transacções de quatro subsectores de produção. Estes quatro sectores, as suas funções e as suas designações são apresentados no quadro 3.1 abaixo.

Tabela 3.1: Subdivisão do processo de fabrico do cimento.

Sector	Função	Classificação
Sector 1	Departamento de pedreiras e trituração	Qc
Sector 2	Gama bruta de retificação	Rg
Sector 3	Secção de combustão e arrefecimento	Bc
Sector 4	Lixagem final da secção	Fg

Esta estrutura de quatro sectores foi utilizada para estimar a intensidade energética, a eficiência da utilização de energia, a taxa de poluição, as emissões de CO2 e os custos energéticos de produção dos produtores de cimento seleccionados. A análise dos dados também está estruturada de acordo com as diferentes fábricas de cimento e as comparações são efectuadas com base nas diferenças no processo de produção, no padrão de consumo de energia e no volume de produção.

3.3 <u>Estimativa da energia cinzenta na produção de cimento.</u>

O modelo de intensidade energética do modelo Input-Output Energy Analysis (IOEA), que é um ajustamento da equação 2.8, foi utilizado para estimar a **energia incorporada** para a indústria cimenteira e é apresentado de seguida:

$$^{T-1}\pounds = D\,(I - A) \tag{3.1}$$

Onde

$\pounds$ = energia incorporada

^{T}D = vetor de intensidade de energia direta

A = Matriz tecnológica

I = matriz identidade

^{T}O vetor de intensidade de energia direta D é derivado da Tabela 3.2 e da Tabela 3.3 e é definido da seguinte forma

Em que: TEUS = consumo total de energia do sector

      TQPS = quantidade total produzida pelo sector.

^{T}O D é uma matriz 1x4 e tem o seguinte formato (ver quadro 3.2)

$$D^T = \frac{TEUS}{TQPS} \qquad (3.2)$$

Tabela 3.2: Tabela vetorial de intensidade de energia direta.

	Qc	Rg	Bc	Fg
ᵗConsumo total de energia (gj) Produção total (t) de (gj/t)	D_{QC}	D_{RG}	D_{BC}	D_{FG}

Os factores de conversão das fontes de energia são apresentados no Apêndice C3.

A matriz tecnológica (A) é uma matriz 4 x 4 e representa o rácio entre a entrada de um sector e a saída desse sector transferida para outro sector, e é expressa da seguinte forma

$$A = \frac{X_i}{X_j} \qquad (3\ 3)$$

em que X_{ij} = *Entrada*

X_j = *potência*

O formato da matriz tecnológica é apresentado a seguir:
Quadro 3.3: Quadro da matriz tecnológica

	CQ	RG	BC	FG
CQ	A11	A12	A13	A14
RG	A21	A22	A23	A24
BC	A31	A32	A33	A34
FG	A41	A42	A43	A44

$$\varnothing_l = \frac{B_{losses}}{B_{input}} \qquad (3.\ 5)$$

Com base na transação na indústria do cimento, o seguinte da matriz tecnológica é zero.

$$A13 = A14 = 0$$
$$A21 = A24 = 0$$
$$A31 = A32 = 0$$
$$A41 = A42 = A43 = 0$$

Com base nesta equação 3.1, são estabelecidos dois quadros de entradas-saídas (quadros I - O) para representar as transacções do sector de produção económica da indústria do cimento, identificado anteriormente na secção 3.2. Os dois quadros I-O são

1. O quadro de entradas e saídas para a produção ou troca de materiais.

2. A tabela de entrada de transacções de energia.

Os modelos para cada quadro são apresentados no Apêndice C3.

3. 4 <u>Estimativa da eficiência da utilização de energia e dos níveis de poluição.</u>

A análise exergética apresentada nas Secções 1.4 e 2.7 foi utilizada no estudo para estimar a **eficiência da utilização de energia e a taxa de poluição** para o processo de conversão de energia na indústria do cimento na Nigéria.

A eficiência do processo ou a eficiência da utilização de energia é definida como a percentagem de exergia utilizável em relação à exergia total utilizada:

Em que 0p é a eficiência exergética.

A percentagem de exergia perdida, definida como "anergia", pode ser calculada da seguinte forma:

A eficiência da utilização da energia obtida pela determinação do rendimento exergético (0p) é completada pelo cálculo da **taxa global de poluição (R_{poi})**. Este índice foi inicialmente proposto por Makarytchev (1997) para uma central de cogeração, a fim de definir um índice de risco ambiental que caracterizasse a destruição de exergia causada pela desativação dos resíduos do processo. No presente estudo, a taxa de poluição global é definida do seguinte modo

$$R_{poi} = \frac{B'_{ae}}{Produto\ B} \qquad (3.6)$$

Se a taxa de poluição total $R_{pol} \gg 1$, isso significa que o processo em questão gera emissões e resíduos com um impacto significativo no ambiente. Se $R_{pol} = 0$, o processo é considerado reversível e não tem impacto no ambiente. Se $0 < R_{pol} < 1$, isso significa que o impacto ambiental do processo depende dos limites tecnológicos do processo de conversão de energia.

A taxa de poluição total pode ser dividida em componentes físicas e químicas, atribuindo a exergia dos resíduos do processo em conformidade. A taxa de poluição física quantifica o efeito nocivo da eliminação dos resíduos a temperaturas e pressões diferentes das do ambiente.

A taxa de poluição química mede a capacidade de reação dos resíduos com os componentes do ambiente, atingindo o equilíbrio químico com o ambiente.

No presente estudo, a taxa de poluição global é utilizada para avaliar o impacto ambiental do processo de fabrico do cimento.

O balanço exergético utilizado neste estudo para estimar a eficiência do processo e a taxa de poluição das instalações de produção de cimento foi efectuado dividindo o sector nas quatro actividades económicas mencionadas na secção 3.2.

Estimativas energéticas e exergéticas para o sector das pedreiras e da britagem.

O processo típico de extração de calcário/cimento e de britagem de cascalho e pedra britada envolve as seguintes fases:

■ remoção da sobrecarga (ou seja, o solo, a argila e as rochas soltas que cobrem o depósito)

■ Explosão do depósito de calcário.

■ Carregamento e transporte de calcário dinamitado para a instalação de britagem.

■ A rocha é triturada até cerca de 125 mm no triturador primário e depois até cerca de 10 mm a 19 mm no triturador secundário.

Neste sector da produção de cimento, são utilizados três tipos de energia. O primeiro é a utilização de explosivos para remover os resíduos e rebentar os depósitos de calcário.

Existem dois tipos de explosivos químicos utilizados nas fábricas de cimento em questão: os baixos explosivos e os altos explosivos. Os baixos explosivos são principalmente utilizados como propulsores, que produzem um efeito de alavanca lento e ardem de forma relativamente lenta, pelo que não provocam uma explosão se não forem confinados; o confinamento aumenta a velocidade de reação devido ao aumento de temperatura provocado pelo calor de reação retido pelo recipiente. São utilizados para detonar rochas moles/detritos e para produzir grandes pedaços. O explosivo mais comum, utilizado em todas as fábricas de cimento estudadas, é o ANFO (óleo combustível de nitrato de amónio). O ANFO é um composto químico constituído por 94% de nitrato de amónio e 6% de óleo diesel. A fórmula química do ANFO é $C_{0.365}H_{4.713}N_2O_3$.

Os altos explosivos são utilizados como detonadores, que têm uma velocidade de reação muito elevada e produzem uma onda de choque (força de ação rápida) que se propaga através da massa a uma velocidade muito superior à taxa de transferência de calor, resultando num efeito de fragmentação. São utilizados onde se pretende um efeito destrutivo máximo e são utilizados em pedreiras para esmagar calcário. O explosivo normalmente utilizado nas fábricas de cimento aqui consideradas é a nitroglicerina, que tem a fórmula química C3H5 (NO_3)$_3$.

A segunda forma de energia utilizada é a utilização de gasolina (PMS)/diesel (AGO) pelos camiões para transportar o calcário dinamitado para a instalação de britagem, enquanto a terceira forma de energia utilizada é a eletricidade.

$$B_{input} = B_{explosives} + B_{fuel} + B_{electricity} \qquad (3.7)$$

A segunda forma de energia utilizada é a eletricidade, ou a energia eléctrica utilizada pelos trituradores para triturar os tijolos nos trituradores primários e secundários. Estas três formas de energia contribuem para o total das entradas de exergia, dos resíduos de exergia e das emissões de exergia deste sector de produção de cimento.

A. Utilização da exergia

A contribuição exergética total para este sector é a soma da contribuição exergética resultante de :

1. O potencial de funcionamento dos explosivos,

2. a exergia química do processo de combustão dos combustíveis nos veículos de transporte, e

3. Consumo de energia eléctrica da instalação de britagem.

A contribuição exergética total é representada matematicamente da seguinte forma:

No caso da energia eléctrica, o teor energético é tão importante como o conteúdo energético; consequentemente, a contribuição energética da eletricidade para o sector é o mesmo valor que o conteúdo energético da eletricidade total consumida. A contribuição exergética da combustão de combustível nos camiões foi avaliada utilizando as equações (2.22) e (2.24).

O potencial de funcionamento dos explosivos é determinado em três fases. Estas são

(i) . determinar a equação química resultante da reação de explosão.

(ii) . determinar a energia libertada durante o processo (o calor de formação).

(iii) . determinar o potencial de trabalho ou a contribuição exergética utilizando os passos 1 e 2.

A equação química resultante da reação de explosão é determinada utilizando o quadro de prioridades de explosão constante do Anexo C3.

A equação química do ANFO e da nitroglicerina é determinada com base na tabela de classificação de explosivos. Os pormenores do método de determinação constam igualmente do apêndice C4.

A quantidade total de energia libertada durante a reação de explosão, conhecida como **calor de explosão, é** calculada comparando o calor de formação antes e depois da reação e é expressa da seguinte forma

$$ЛE = \text{AEf(reagentes)} - \text{AEf(produtos)}$$

Os calores de formação dos produtos e de muitos explosivos comuns (reagentes) são apresentados no Apêndice C5. É de notar que os compostos e as misturas têm um calor de formação igual a zero. Com base nas tabelas de calor de formação, o calor de explosão foi determinado para o ANFO e a nitroglicerina.

O valor de ЛEf deduzido da equação 3.8 representa a energia gasta durante o processo de detonação e foi utilizado na secção anterior para determinar a energia estrutural do processo de fabrico do cimento.

^{0}O potencial de um explosivo é o trabalho total que pode ser efectuado pelo gás resultante da sua explosão quando este se expande adiabaticamente a partir do seu volume inicial até que a sua pressão atinja a pressão atmosférica e a sua temperatura atinja 15 C. O potencial é, portanto, a quantidade total de calor libertada a volume constante, expressa em unidades equivalentes de trabalho, e é uma medida da potência do explosivo.

A conversão de energia em trabalho num estado de pressão constante é expressa da seguinte forma:

$$Q_{mv} = Q_{mp} + W \tag{3.9}$$

Onde

$^{0}Q_{mv}$ = calor total libertado por uma mole de explosivo a 15 C e volume constante.

$^{0}Q_{mp}$ = calor total libertado por uma mole de explosivo a 15 C e pressão (atmosférica) constante.

W = energia de trabalho gasta para repelir o ar ambiente numa explosão não contida.

Utilizando o princípio do estado inicial e final e a tabela de calor de formação (Tabela 3.5), é fácil calcular o calor Q_{mp} libertado a pressão constante. Isto também é equivalente à estimativa de ЛEf para o produto e reagente na secção anterior.

A energia de trabalho W gasta pelos produtos gasosos da detonação é expressa por :

$$W = P \, dv$$

A pressão constante e volume inicial desprezável, esta expressão reduz-se a :

$$W = P. v_2 \tag{3.11}$$

^{0}Como os calores de formação são calculados para a pressão atmosférica padrão (101,325 Pa) e 15 C, v_2 é o volume ocupado pelos gases produzidos nessas condições. Neste ponto

$$W = (101\ 325\ Pa)(23,631)(Nmol)/mol \tag{3.12}$$

E aplicando os factores de conversão adequados, o trabalho em unidades de MJ/kg é determinado da seguinte forma:

$$\bullet W = \underline{(0,572)(Nmol)(4185J/kcal)(_{103})g/Kg(1\ mol)\ MJ/\ 10}\ (MWg) \qquad g$$

em que MW = peso molecular kcal = quilocalorias

    Nmol = número de moles mol = moles

Isto dá

$$^{(239382)(}{}_{3}W = Nmol)\ MJ/kg\ 10\ (MWg)$$

A equação 3.14 foi utilizada para estimar o trabalho necessário para expulsar o ar ambiente durante a explosão de ANFO e nitroglicerina.

A contribuição exergética total para os explosivos foi avaliada utilizando a equação 3.9.

B. Perdas de energia

As perdas de energia na pedreira e na instalação de britagem provêm dos gases libertados como produtos de detonação e deflagração do ANFO e da nitroglicerina, sendo o vapor de água libertado pelos explosivos absorvido pelo calcário extraído.

$$B_{ph} = C_p (T - T_o) - T_o\left(Cp \ln\frac{T}{T_o} - R\ln\frac{P}{Po} \right) \tag{2.20}$$

$$B_{ph} = C_p \left(T_1 - T_0 - T_0 ln\frac{T_1}{T_0} \right) + RT_0 ln\frac{P_1}{P_0} \tag{3.16}$$

$$B_{ph} = C_p \left(T_1 - T_0 - T_0 \, ln \frac{T_1}{T_0} \right) \qquad (3.\,17)$$

As quantidades dos vários gases perdidos são estimadas utilizando a equação do balanço de explosão química, enquanto a perda de exergia física é estimada utilizando as seguintes equações:

Esta equação pode ser expressa em termos das suas componentes de calor e pressão do seguinte modo

Como a explosão ocorre a pressão constante, a componente de pressão é omitida e apenas a componente de calor é tida em conta para a secção de extração e trituração. A equação para esta secção é, portanto, reduzida a :

3.4.2 **Estimativas energéticas e exergéticas para a instalação de trituração de crude**

Quando o calcário extraído e outras matérias-primas chegam à fábrica de cimento, são armazenados em secadores ou silos. Estes materiais são depois cuidadosamente doseados para preparar a produção de cimento com uma composição química específica. São utilizados dois métodos diferentes para moer as matérias-primas: o método seco e o método húmido.

No processo seco, as matérias-primas são doseadas, moídas até se tornarem pó, misturadas e introduzidas no forno em estado seco. No processo por via húmida, é produzida uma pasta através da adição de água às matérias-primas corretamente doseadas. As operações de moagem e mistura são então concluídas com os materiais em forma de pasta. Este processo reduz consideravelmente a quantidade de pó, mas requer energia adicional para remover a água da farinha crua.

A figura 3.1 ilustra o processo de preparação das matérias-primas.

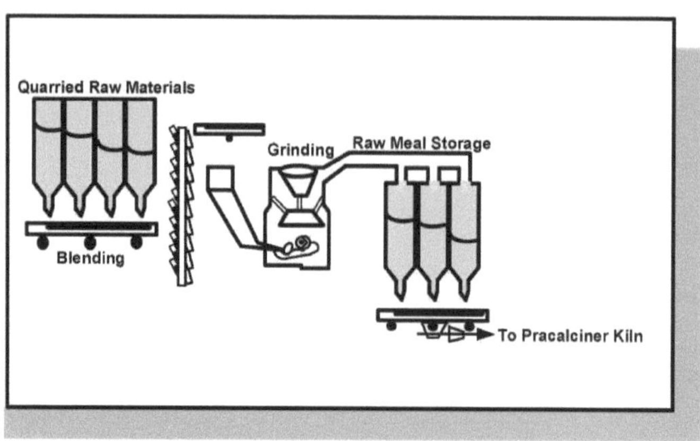

Figura 3.1: Preparação das matérias-primas para o fabrico de cimento

A fábrica de cimento de Ashaka utiliza o processo seco para a preparação de farinha crua, enquanto a fábrica de cimento de Sagamu utiliza o processo húmido para a preparação de farinha crua.

A moagem da farinha crua tem uma influência considerável na qualidade do piroprocesso e do clínquer. A qualidade da farinha crua (finura, quantidade e tipo de partículas sobredimensionadas) e a fluidez (circulação no forno e comportamento de separação e transferência de energia condutora) influenciam a qualidade final do clínquer.

A moagem de matérias-primas consome principalmente energia eléctrica. A moagem e a trituração são processos eléctricos. A energia de moagem depende de muitos factores, incluindo a forma como o material se decompõe (sob pressão lenta, sob impacto), a resistência à compressão, o coeficiente de elasticidade, a dureza, o tamanho inicial e final, a distribuição desejada das partículas, etc.

No caso da energia eléctrica, o conteúdo exergético é tão importante como o conteúdo energético; consequentemente, a contribuição exergética da eletricidade neste sector é igual ao conteúdo energético do consumo total de eletricidade.

3.4.3 Estimativa da energia e da exergia para a combustão e o arrefecimento

A pirólise em grandes fornos rotativos é o processo técnico mais importante em todas as fábricas de cimento. É também a operação tecnicamente mais complexa e de maior consumo de energia, desde a extração até ao fabrico de cimento. Os fornos rotativos de cimento são fornos cilíndricos de aço com revestimento refratário, cujo comprimento varia de 60 a mais de 300 metros e o diâmetro de 3 a mais de 8 metros. Os fornos de cimento são a maior peça de equipamento de processo industrial móvel do mundo e uma das mais quentes.

A matéria-prima misturada é introduzida na parte superior do forno rotativo inclinado. À medida que o forno roda lentamente (1 a 4 rotações por minuto), a matéria-prima passa por zonas cada vez mais quentes em direção à chama no fundo do forno. A velocidade de passagem da mistura é determinada pelo diâmetro e pela velocidade de rotação do forno. A chama é alimentada por carvão em pó, coque de petróleo, gás natural, petróleo, materiais reciclados ou outros combustíveis. Na fábrica de cimento de Sagamu, a chama do forno é alimentada por gás natural, enquanto na fábrica de cimento de Ashaka, a chama é alimentada por óleo preto (LPFO).

[00]A chama quente de 1870 C aquece a mistura até cerca de 1480 C. O calor extremo desencadeia uma série de reacções químicas. As matérias-primas decompõem-se (calcinam), são parcialmente fundidas e fundem-se em nódulos chamados clínqueres. A Figura 3.2 mostra a evolução da matéria-prima num forno rotativo.

A figura 3.2 mostra que a farinha crua sofre alterações químicas e físicas complexas à medida que se desloca e flui através do forno. Estas reacções e alterações químicas podem ser vistas como uma sequência de acontecimentos térmicos, alguns dos quais podem ocorrer fora do forno, num pré-aquecedor e/ou numa zona de pré-calcinação. A sequência de alterações químicas e físicas é descrita de seguida.

- [0]Evaporação da água não ligada da preparação húmida de matérias-primas quando a temperatura dos materiais atinge 100 C.

- [00]desidratação: desenvolvimento da água ligada ao material à medida que a temperatura aumenta de 100 C para cerca de 550 C, com a formação de óxidos não hidratados de silício, alumínio e ferro.

- [00]Calcinação do carbonato de cálcio ($CaCO_3$) em óxido de cálcio (CaO) e do carbonato de magnésio ($MgCO_3$) em óxido de magnésio (MgO) com libertação de dióxido de carbono (CO_2) entre 900 C e 980 C. O gás CO2 liquefaz as matérias-primas, alterando o seu movimento de escalonamento para fluido.

- Reação de CaO com ácido silícico para formar silicato dicálcico.

- Reação do CaO com componentes que contêm alumínio e ferro para formar a fase líquida do esmalte.

- Formação de nódulos de clínquer. Reacções que combinam o óxido de cálcio e o óxido de silício para formar silicatos dicálcicos e tricálcicos, bem como pequenas quantidades de aluminato tricálcico e aluminoferrite tetracálcica. Estes compostos formam os quatro componentes principais que determinam as propriedades do cimento produzido.

- Evaporação de componentes voláteis (por exemplo, sódio, potássio, cloretos e sulfatos).

- Reação de excesso de CaO com silicato dicálcico para formar silicato tricálcico.

- ^{0}formação de clínquer à medida que o material se aproxima da saída do forno a temperaturas de cerca de 1.500 C

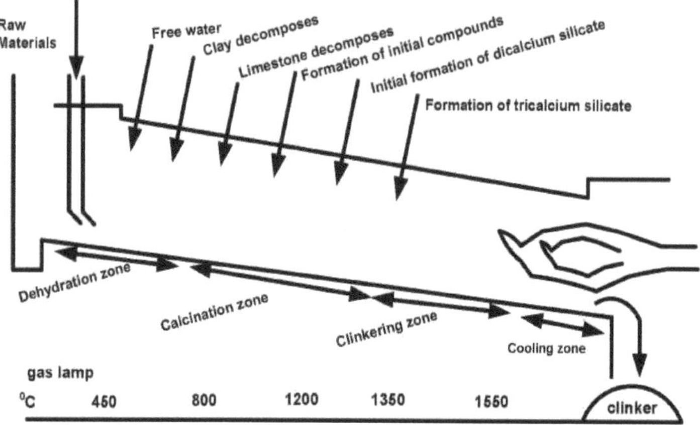

Figura 3.2: O processo de cozedura da farinha crua num forno rotativo.

O clínquer é descarregado da parte inferior do forno enquanto está em brasa e é encaminhado para diferentes tipos de arrefecedores, a fim de recuperar a energia térmica e baixar o clínquer para a temperatura de processamento. O clínquer arrefecido é geralmente constituído por nódulos cinzentos, duros como vidro, de forma esférica e com 0,3 a 5,0 cm de diâmetro.

Os fornos dividem-se em dois grupos: Processos secos e húmidos, dependendo da forma como as matérias-primas foram preparadas. Os fornos húmidos são alimentados com matérias-primas sob a forma de uma pasta com um teor de humidade de 30-40%. Um forno de processo húmido necessita de tempo adicional para evaporar a água contida na matéria-prima. Cerca de 33% mais energia é consumida para evaporar a água da pasta. Os fornos de processo húmido são geralmente instalações antigas e totalmente capitalizadas.

Os fornos de processo seco são alimentados com matérias-primas pulverulentas secas e funcionam com temperaturas de saída de gás elevadas. Na maioria das instalações de processo seco, a matéria-prima finamente moída é pré-aquecida antes de ser introduzida no forno. O pré-aquecimento ocorre normalmente numa torre alta que consiste em ciclones de contra-corrente de várias fases. Estas torres podem ter mais de 150 metros de altura. Vários permutadores de calor sólidos/gás cíclicos agitam as matérias-primas com os gases de combustão quentes do forno, aquecendo-as rápida e eficientemente. Algumas torres de pré-aquecimento têm uma secção especial de pré-aquecimento que contém uma câmara de combustão de combustível. Estas secções fornecem parte da energia ao pré-calcinador e são designadas por pré-calcinadores.

Vermelho - o clínquer quente cai do forno para uma grelha e é arrefecido por circulação de ar. O ar quente recuperado durante este processo de arrefecimento é reintroduzido no forno ou no pré-aquecedor para recuperar a sua energia térmica. Uma vez recuperada a energia dos gases de processo, estes são encaminhados para dispositivos de controlo de poluentes, onde separadores electrostáticos ou filtros de tecido removem certas substâncias (poeiras) dos gases antes de os libertarem na atmosfera.

A figura 3.3 ilustra o processo de fabrico do clínquer

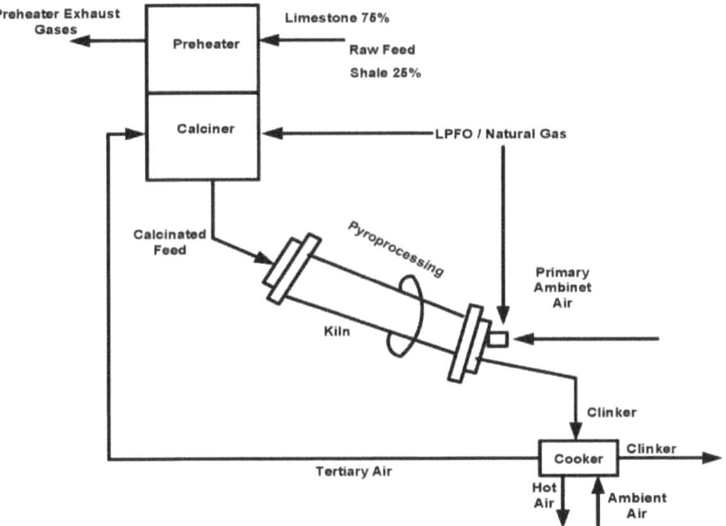

Figure 3.3: Clinker production process

$$B_{ph} = C_p \left(T_1 - T_0 - T_0 \ln \frac{T_1}{T_0} \right) \qquad (3.17)$$

$$= \frac{43.1}{100-35.11} * \frac{\Delta H_{R1}^0}{MW_{CaO}} + \frac{0.97}{100-35.11} * \frac{\Delta H^0_{R2}}{MW_{MgO}} \qquad (3.18a)$$

$$= 2217 \frac{kJ}{kgClinker} \qquad (3.18b)$$

 Entradas de energia

A energia é adicionada ao processo em três fases. Estas são

   1. <u>Fase de secagem e pré-aquecimento :</u>

^{0}Durante esta fase, a temperatura da farinha crua no forno é aumentada de 25 para 900 C e o consumo de exergia é calculado utilizando a equação (3.17) abaixo:

   2. <u>fase de calcinação.</u>

$$= 1624 \ \frac{kJ}{kgClinker} \qquad\qquad (3.\ 19b)$$

A exergia química da calcinação ou decomposição do calcário é estimada a partir das seguintes reacções que ocorrem no sistema:

R1 CaCO3 ^CaO + CO2 ^{0}AH$_{R1}$ = 158 kJ/mol, AG$_R$!^{0} = 135 kJ/mol

R2MgCO   .^MgO + CO2 ^{0}AH$_{R2}$ = 99,7 kJ/mol, AG$_R$!^{0} = 47,2 kJ/mol

A composição química do calcário e da ardósia é apresentada no Apêndice C8.

As necessidades energéticas resultantes da reação de calcinação e a energia de calcinação acumulada por kg de clínquer produzido são :

Energia necessária para a calcinação

Calcinação Necessidade de energia

   3. <u>Fase de sinterização</u>

O consumo de exergia nesta fase da produção de clínquer é devido à exergia química dos combustíveis utilizados na zona de cozedura do forno. Como mencionado anteriormente, a fábrica de Sagamu utiliza gás natural, enquanto a fábrica de Ashaka utiliza óleo combustível de baixo ponto de fluidez (LPFO).

A exergia do gás natural foi avaliada utilizando a equação (2.24), que exprime a entrada de exergia em função de um rácio :

A exergia química para o LPFO é estimada utilizando a equação (2.27)

B. Perdas de energia

A energia perde-se durante a produção de clínquer em duas fases:

1. Arrefecedor de clínquer

O primeiro ponto de perda de exergia no processo de produção de clínquer são os refrigeradores de clínquer, dos quais são descarregados o clínquer, os gases de escape do pré-aquecedor e o ar quente. A perda de exergia nos arrefecedores é devida ao arrefecimento do clínquer quente para uma temperatura mais baixa e é estimada utilizando a exergia do calor expressa na equação (3. 51)

Onde

> T0 = temperatura a que o clínquer sai dos refrigeradores
>
> T = temperatura do clínquer antes da sua entrada nos refrigeradores.
>
> Q = taxa total de transferência de calor (kW)

$$\varphi = \frac{B^0}{(NCV)} \tag{2.24}$$

$$\varphi = 1.0401 + 0.1728\frac{h}{c} + 0.0432\frac{o}{c} + 0.2169\frac{s}{c}\left(1 - 2.0628\frac{h}{c}\right) \tag{2.27}$$

$$B_{HEAT} = \left(1 - \frac{T_0}{T}\right) * Q \tag{3.20}$$

No entanto, num trabalho semelhante de Koroneos et al (2005), os valores de perda de entalpia e exergia dos gases de escape do pré-aquecedor e do ar quente do forno de clínquer, bem como a exergia específica do clínquer, foram determinados e são apresentados no Apêndice C14.

Os valores apresentados neste quadro foram utilizados para estimar as perdas de energia durante a produção de clínquer.

2. Processo - Emissões de CO_2

A segunda fonte de perda de energia durante a produção de clínquer é a emissão de CO_2 do forno para a atmosfera. o CO_2 é emitido para a atmosfera a uma temperatura compreendida entre 900 e 9800°C. A exergia específica do CO_2 é estimada na fase de sinterização utilizando a equação (3. 17) abaixo:

A perda total de exergia devida às emissões de CO_2 no processo é estimada multiplicando o valor de BCO2 assim obtido pela quantidade de CO_2 do processo emitida para a atmosfera. Isto é expresso na equação (3. 21)

$$B_{CO2} = C_p \left(T_1 - T_0 - T_0 ln \frac{T_1}{T_0} \right) \qquad (3.\ 17)$$

$$B_{loss} = 655.26 * QCO_2 \qquad (3.\ 21)$$

Onde

Q_{CO2} = quantidade de CO_2 emitida durante a produção de clínquer.

3.4.4 <u>Estimativa da energia e da exergia para a zona de lixagem fina.</u>

O clínquer arrefecido é misturado com cerca de 3 a 6% de gesso e moído/triturado até obter um pó cinzento extremamente fino. Este pó cinzento fino é o cimento. O equipamento utilizado para moer o clínquer é geralmente o mesmo que é utilizado para moer a farinha crua. No entanto, o produto final é muito mais fino e requer quase três vezes mais energia do que a moagem da farinha crua. O processo de moagem do clínquer é ilustrado na Figura 3.4.

Tal como no caso do processo de produção de farinha crua, a energia eléctrica é principalmente utilizada para operar as instalações de trituração e moagem e, no caso da energia eléctrica, o conteúdo energético é tão importante como o conteúdo energético; consequentemente, neste sector, a entrada de energia eléctrica é igual ao conteúdo energético do consumo total de eletricidade.

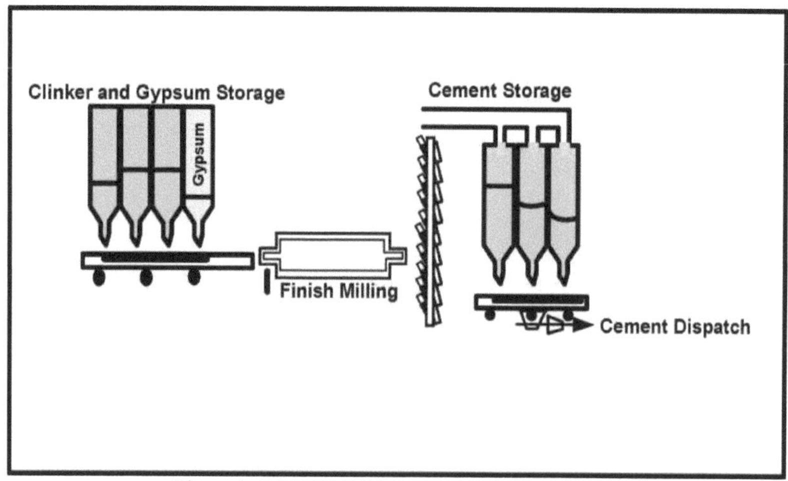

Figura 3.4: Moagem final na produção de cimento.

3.5 <u>Estimativa das emissões de dióxido de carbono (CO_2)</u>

Durante a produção de cimento, as emissões de CO_2 provêm de duas fontes principais. A primeira fonte é a combustão de combustíveis à base de carbono durante a calcinação e outras fases do processo de fabrico do cimento; este tipo de emissões é conhecido como emissões de CO2 **relacionadas com a combustão**. A segunda fonte é o subproduto do processo de transformação química durante o fabrico do clínquer, um componente do cimento, no qual o calcário ($CaCO_3$) é transformado em cal (CaO); este tipo de emissão é conhecido como emissões de CO_2 relacionadas com o **processo**. As emissões totais de CO2 são a soma das emissões de combustão e de processo da indústria cimenteira.

As Directrizes revistas de 1996 do Painel Intergovernamental sobre Alterações Climáticas (IPCC) da Convenção-Quadro das Nações Unidas sobre Alterações Climáticas (UNFCCC) para os Inventários Nacionais de Gases com Efeito de Estufa (Directrizes IPCC) fornecem uma abordagem geral para estimar as emissões de CO2, tanto para as emissões relacionadas com a combustão como para as emissões relacionadas com o processo da indústria cimenteira. Este guia do IPCC é utilizado neste estudo para estimar as emissões de CO2 da fábrica de cimento selecionada na Nigéria.

3.5.1 <u>Estimativa das emissões de CO2 provenientes da combustão na indústria cimenteira.</u>

O cálculo das emissões de CO2 provenientes da combustão de combustíveis é discutido no âmbito do método Tiers-1 (abordagem de referência) das directrizes do IPCC (IPCC, 1996) e inclui as seguintes etapas:

<u>Fase 1: Estimativa do consumo de combustível em unidades originais</u>

Esta fase consiste em determinar e estimar o combustível consumido em cada fase do processo na unidade em que foi consumido.

<u>Fase 2: Conversão numa unidade de energia comum</u>

Na segunda fase, todos os combustíveis estimados na fase 1 são convertidos numa unidade comum. A unidade comum de energia utilizada neste estudo é o gigajoule (GJ). O fator utilizado para converter os diferentes combustíveis baseia-se no poder calorífico inferior (PCI) do combustível. O poder calorífico de um combustível é uma medida do seu valor para fins de aquecimento. O Apêndice C15 contém factores de conversão para unidades de energia e valores caloríficos líquidos para produtos petrolíferos refinados e alguns outros produtos.

<u>PASSO 3: Multiplicar pelos factores de emissão para calcular o teor de carbono.</u>

Nesta etapa, o consumo de energia do combustível é multiplicado pelo fator de emissão de carbono, convertendo o consumo total de combustível no teor de carbono do combustível. O Apêndice C16 apresenta o fator de emissão de carbono para vários combustíveis primários e outros produtos petrolíferos refinados.

ETAPA 4: Cálculo do carbono armazenado.

Esta etapa envolve uma análise mais pormenorizada do tipo de combustível para determinar a percentagem de carbono armazenado. Se a informação disponível for insuficiente, esta etapa pode ser ignorada. No presente estudo, esta etapa é omitida por não ser necessária.

ETAPA 5: Correção do carbono não oxidado.

Nesta etapa, os valores da fração de carbono oxidado são introduzidos e multiplicados pelas emissões líquidas de carbono deduzidas na etapa anterior para obter os valores reais das emissões de carbono. O Apêndice C16 mostra valores típicos para a proporção de carbono oxidado em vários combustíveis sólidos, líquidos e gasosos.

PASSO 6: Conversão em emissões de CO2

[4]Nesta etapa, as emissões reais de carbono são multiplicadas por /i2 para determinar o total de dióxido de carbono (CO_2) emitido pela queima de combustível. As emissões de CO2 de todas as fontes de energia são somadas para obter o total de emissões de CO2 da queima de combustível.

O Apêndice C17 apresenta uma repartição completa das seis fases acima referidas utilizadas para estimar as emissões de CO2 provenientes da queima de combustíveis, utilizando a abordagem de referência da Fase 1.

3.5.2 Estimativa das emissões de CO2 associadas ao processo de fabrico do cimento.

O dióxido de carbono (CO_2) é libertado durante a produção de clínquer, um componente do cimento, em que o carbonato de cálcio ($CaCO_3$) é aquecido num forno rotativo para iniciar uma série de reacções químicas complexas. Especificamente, o CO_2 é libertado como um subproduto da calcinação, que ocorre na parte superior mais fria do forno, conhecida como pré-calcinador, a temperaturas entre 600 e 9.000°C, levando à transformação de carbonatos em óxidos. A relação estequiométrica simplificada é a seguinte:

$$CaCO_3 + calor^CaO + CO_2 \qquad (3.22)$$

O CO_2 é também libertado durante a calcinação das poeiras do forno de cimento (CKD) no forno. As poeiras de forno de cimento são um subproduto do processo de cozedura e parte delas é reciclada de volta para o forno e adicionada ao clínquer. O restante é perdido - depositado em aterro ou utilizado para outros fins. O CKD perdido representa emissões adicionais de CO2 que não foram tidas em conta na estimativa das emissões de clínquer.

Existem duas abordagens recomendadas para quantificar as emissões de CO2 provenientes da produção de cimento e CKD: o método baseado no clínquer e o método baseado no cimento. No entanto, as directrizes do IPCC recomendam vivamente a utilização de dados sobre o clínquer e o método baseado no clínquer, em vez de dados sobre o cimento, para estimar as emissões de CO2, uma vez que o CO_2 é emitido durante a produção de clínquer e não durante a produção de cimento. Se o clínquer for comercializado internacionalmente, a utilização de dados sobre a produção de cimento conduz a estimativas de emissões enviesadas, uma vez que o cimento pode ter sido produzido a partir de clínquer produzido noutro país. Além disso, a quantidade de clínquer contida noutros tipos de cimento, como o cimento misturado e o cimento natural, é altamente variável e difícil de estimar.

Neste estudo, foi utilizada a metodologia baseada no clínquer para estimar as emissões de CO2 associadas ao processo de produção de cimento.

3.5.2.1 <u>Metodologia baseada no clínquer para estimar as emissões de CO2</u>

Na abordagem baseada no clínquer, as emissões da produção de cimento são calculadas com base na quantidade de clínquer produzida e no teor de calcário (CaO) do clínquer. Este método inclui um cálculo separado para determinar as emissões de CKD com base na quantidade de CKD descarregada e na taxa de calcinação do CKD. A equação 3.23 fornece uma visão geral da abordagem baseada no clínquer.

$$CO2Emissão = (PKlinker * EFKlinker) + (CKDD * EFCKD) \tag{3.23}$$

Onde

$PKlinker$ = massa de clínquer produzida

$EFKlinker$ = Fator de emissão para o clínquer

$CKDD$ = massa de poeiras de forno de cimento descarregadas

$EFCKD$ = fator de emissão de poeiras de forno de cimento.

O fator de emissão do clínquer é o produto da proporção de cal no clínquer multiplicado pelo rácio da massa de CO_2 libertada por unidade de cal. Este fator é ilustrado a seguir:

$$EF\text{-}Clinker = \text{proporção de CaO} * (44,01 \text{ g/mol } CO_2 / 56,08 \text{ g/mol CaO}) \tag{3.24}$$

$$EF_{CKD} = \frac{\dfrac{EF_{clinker}}{1 + EF_{clinker}} * d}{1 - \dfrac{EF_{clinker}}{1 + EF_{clinker}} * d} \qquad\qquad (3.28)$$

Isto dá

$$EF\text{-Clinker} = \text{fração de CaO} * 0{,}785 \qquad\qquad (3.25)$$

O fator de multiplicação (0,785) é a relação de peso molecular entre o CO_2 e o CaO na matéria-prima, a calcite ($CaCO_3$), da qual é obtida a maior parte ou a totalidade do CaO no clínquer.

As orientações do IPCC recomendam dois métodos possíveis para calcular o fator de emissão. O método Tier 1 utiliza o valor padrão do IPCC para o teor de cal do clínquer, que é de 64,6%. Isto resulta num fator de emissão de 0,507 toneladas de CO2/tonelada de clínquer, como se mostra abaixo:

$$EF\text{-Clinker} = 0{,}646 * 0{,}785 = 0{,}507 \qquad\qquad (3.26)$$

O método de nível 2 envolve o cálculo da concentração média de cal no clínquer através da recolha de dados sobre a produção de clínquer e o teor de cal por tipo. Utilizando este método, Chia et al (1986) calcularam que o teor de CaO do cimento Portland na Nigéria era de aproximadamente 62% em peso. Isto dá um fator de emissão de 0,487 toneladas de CO2/tonelada de clínquer, como se mostra abaixo:

$$EF\text{-Clinker} = 0{,}62 * 0{,}785 = 0{,}487 \qquad\qquad (3.27)$$

O fator de emissão derivado da equação (3.27) é utilizado no presente estudo.

O método recomendado para estimar as emissões adicionais de CO2 provenientes de CKD fora de uso consiste em multiplicar um fator de emissão pela quantidade de CKD fora de uso. Se existirem dados sobre CKD devolvidos, o fator de emissão para CKD é obtido da seguinte forma

A equação (3.28) pode ser simplificada para dar

Onde

d = grau de calcinação CKD (CO_2 libertado em % do total de carbonato de CO2 na mistura crua)

No entanto, na ausência de dados sobre a produção de CKD, recomenda-se que se escolha uma percentagem entre 2 e 6% das emissões totais de CO2 provenientes da produção de clínquer e que se multiplique essa percentagem pelas emissões estimadas de CO2 provenientes da produção de clínquer, a fim de obter uma estimativa das emissões de CO2 provenientes de CKD queimado perdido, uma vez que o CO2 proveniente de CKD perdido representa geralmente cerca de 2 a 6%.

Durante o estudo de campo nas fábricas de cimento seleccionadas, não havia registos de CKD perdidas e calcinadas, pelo que as equações (3.28) e (3.29) não puderam ser utilizadas. No entanto, com base no estudo de campo, foi escolhida uma percentagem de 2% e multiplicada pelas emissões estimadas de CO2 provenientes da produção de clínquer para obter as emissões estimadas de CO2 provenientes de resíduos de CKD. Por conseguinte, para este estudo, as emissões de CO2 estimadas para os CKD são deduzidas da seguinte forma

Emissões de CO2 da CKD = 0,02 * emissões de CO2 da produção de clínquer (3.30)

Assim, para este estudo, a equação 3.23 foi modificada para determinar as emissões de CO2 associadas ao processo da fábrica de cimento;

$$\text{Emissões de CO2} = 1,2 * (\text{P-Clinker} * \text{EF-Clinker}) \tag{3. 31}$$

$$EF_{CKD} = \frac{\left(EF_{clinker} * d\right)}{1 + EF_{clinker} - \left(EF_{clinker} * d\right)} \tag{3.29}$$

3.6   **Estimativa dos custos energéticos da produção**

Os **custos energéticos de produção** das fábricas de cimento em causa foram estimados segundo um método de contabilidade energética.

O planeamento energético é impossível sem um conhecimento adequado do consumo e dos custos de energia passados e presentes. Os padrões de consumo de energia são significativamente influenciados pelos preços da energia. Consequentemente, qualquer análise da procura de energia deve ter explicitamente em conta os preços relativos e absolutos da energia, uma vez que os preços influenciam não só a escolha entre fontes de energia alternativas, mas também a escolha entre a utilização de energia e outros factores de produção alternativos, como o capital e a mão de obra, ou a escolha entre actividades consumidoras e não consumidoras de energia.

Como primeiro passo para um futuro planeamento energético eficaz no sector do cimento da economia nigeriana, este estudo estima a eficiência energética e os custos energéticos por produto de cimento, e examina a evolução destes indicadores durante o período de referência.

O **custo de energia por unidade de produção (CE/p)** é um rácio que indica o custo total de energia para a produção de uma unidade de cimento e é expresso matematicamente da seguinte forma:

Onde

EC/p = custos de energia por unidade de produção.

TECT = custo total da energia

EI = intensidade de energia incorporada

TEC = energia total consumida

$$EC/p = \frac{TECT * EI}{TEC} \qquad (3.32)$$

Os combustíveis utilizados pela indústria do cimento são fornecidos por vários clientes importantes da Nigerian National Petroleum Corporation (NNPC). Os aumentos inesperados do custo dos produtos petrolíferos têm sido a causa de vários movimentos sociais ao longo dos anos e têm frequentemente alterado subitamente os custos de produção do cimento no país. As fábricas de cimento de Ewekoro e Sagamu da WAPCO são abastecidas de gás natural pela Nigerian Gas Company Limited (NGC), uma filial a 100% da NNPC. O gás natural é fornecido à fábrica de cimento através do gasoduto Escravos-Lagos (EPL), que também fornece gás à central eléctrica de Egbin da Power Holding Company of Nigeria PHCN (antiga NEPA). As investigações no local revelaram que o preço do gás natural fornecido à fábrica de cimento durante o período em análise era frequentemente influenciado pelo preço do petróleo bruto nos mercados local e internacional, bem como pela taxa de câmbio entre a naira e o dólar.

No que diz respeito ao consumo de eletricidade, as fábricas de cimento forneciam eletricidade inteiramente às áreas de cozinha e de refrigeração, enquanto que para as outras áreas de funcionamento das fábricas, a eletricidade era comprada à PHCN. O Anexo C18 mostra a taxa de câmbio naira/dólar para o período em análise, bem como os preços pagos pelas fábricas de cimento pelos produtos petrolíferos e as tarifas de eletricidade durante o período em análise.

QUARTO CAPÍTULO
RESULTADOS E DISCUSSÃO

4.1 Introdução

Nesta secção, as seguintes variáveis-chave são discutidas e comparadas para as duas fábricas de cimento seleccionadas. As variáveis-chave são :

- Esquema de instalação
- Produção e venda de cimento
- Utilização e consumo de energia.
- Produção e transacções de energia nos quatro subsectores de produção
- Intensidade da energia incorporada.
- a eficiência do processo e o grau de poluição.
- Emissões de CO2.
- os custos energéticos da produção.

A secção conclui com uma comparação das fábricas de cimento nigerianas com as melhores práticas mundiais.

4.2 Esquema de instalação

4.2.1 Processo húmido da fábrica de cimento Sagamu

A fábrica de cimento de Sagamu é uma fábrica de processamento por via húmida com uma capacidade de produção de 1 000 000 de toneladas, com duas instalações de extração e britagem, três instalações de moagem de cru, duas instalações de queima e arrefecimento e duas instalações de moagem de cimento.

O número de trabalhadores na fábrica de cimento como um todo diminuiu de um total de 574 em 2002 para 446 em 2005, um decréscimo total de 22%; o número de trabalhadores na produção de cimento diminuiu de um total de 459 em 2002 para 384 em 2005, um decréscimo de 17%.

O apêndice A contém um resumo das transacções de produção e de energia, uma repartição da análise da produção para cada ano, uma análise da entrada-saída de energia, uma análise exergética e uma análise dos custos energéticos de produção para o período de inquérito 1995-2005 para a fábrica de cimento Sagamu.

A Figura 4.1 mostra a planta da unidade de produção da fábrica de cimento de Sagamu, enquanto os Quadros 4.1 (a) e (b) resumem a produção anual e as transacções de energia da fábrica para os períodos 1995-1999 e 2000-2005. O período 1995-1999 representa o período anterior à chegada do atual governo civil e às reformas em curso no sector, enquanto o período 2000-2005 representa o período pós-reforma.

4.2.2 Processo seco Ashaka Fábrica de cimento

A fábrica de cimento de Ashaka é uma instalação de secagem com uma capacidade instalada de 700 000 toneladas. Tem uma unidade operacional na secção de extração e britagem, duas unidades operacionais na secção de moagem em bruto, duas unidades operacionais na secção de queima e arrefecimento e duas unidades operacionais na secção de moagem acabada.

O Apêndice B contém um resumo das transacções de produção e energia, uma análise da produção anual, uma análise de entradas e saídas de energia, uma análise exergética e uma análise dos custos energéticos de produção para o período de estudo 2000-2005 para a fábrica de cimento Ashaka.

A Tabela 4.2 fornece um resumo da produção anual e das transacções de energia para a fábrica de cimento Ashaka, enquanto a Figura 4.2 mostra o layout da instalação de produção da fábrica de cimento Ashaka para o período de referência.

O quadro 4.2 mostra que o número de efectivos da fábrica diminuiu mais de 48% entre 2001 e 2005. Em 2001, a fábrica empregava 770 pessoas, contra um total de 399 em 2005. Do mesmo modo, o número de pessoas que trabalham no sector de produção da fábrica diminuiu mais de 49%, passando de 597 em 2001 para 304 em 2005.

4.2.3 Comparação entre a fábrica de processamento por via húmida de Sagamu e a fábrica de processamento de cimento por via seca de Ashaka.

Originalmente, o processo húmido era o preferido para a produção de cimento, uma vez que era mais fácil moer as partículas numa pasta e controlar a sua distribuição de tamanho. O desenvolvimento de processos de moagem melhorados reduziu a necessidade de processos húmidos. Estes processos de moagem melhorados levaram a uma maior utilização de fornos de secagem para a produção de cimento. As duas fábricas de cimento consideradas neste estudo reflectem os dois principais processos de produção de cimento disponíveis a nível mundial. Uma comparação dos processos de produção das duas fábricas ajudará, portanto, a determinar até que ponto a indústria de cimento nigeriana beneficiou das melhorias na tecnologia global de produção de cimento.

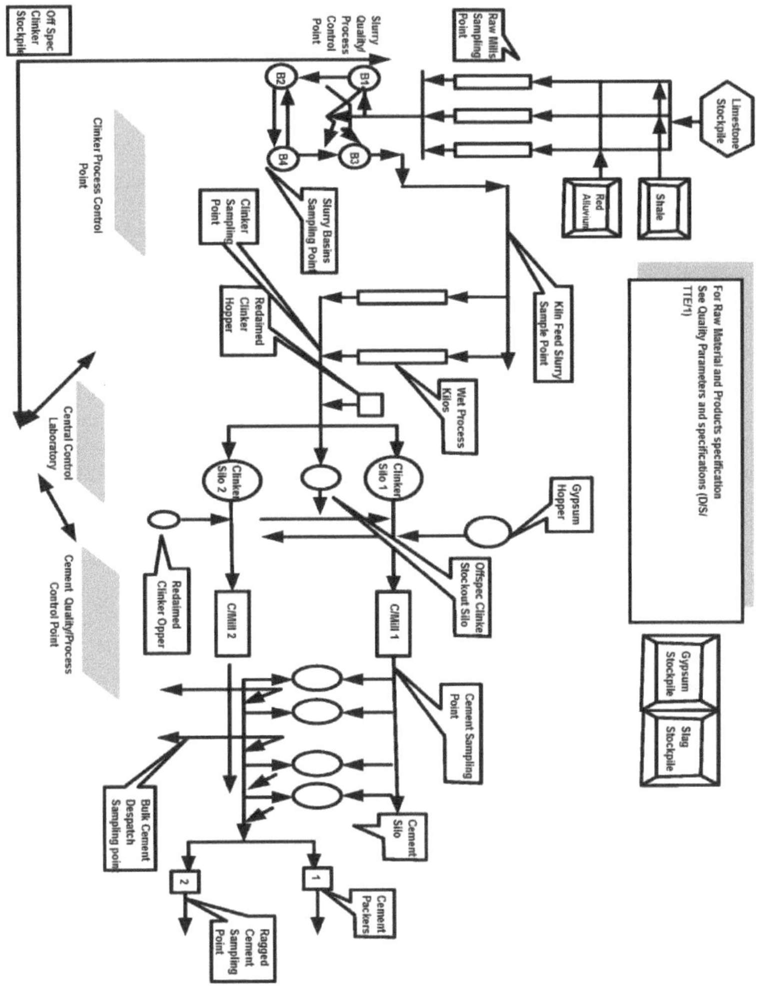

Figura 4.1: Processo de produção de cimento na fábrica de cimento de Sagamu

Quadro 4.1 (a) CENTRAL ELÉCTRICA DE SAGAMU
RESUMO DA ANÁLISE DA PRODUÇÃO ANUAL, ANÁLISE DA ENTRADA -
SAÍDA DE ENERGIA,
ANÁLISE DA ENERGIA E ANÁLISE DOS CUSTOS ENERGÉTICOS DA
PRODUÇÃO

DATA DE ENTRADA EM FUNCIONAMENTO: 1978
TIPO DE PROCESSO: HÚMIDO
CAPACIDADE INSTALADA: 1.000.000 toneladas métricas

Indicadores	1995	1996
Produção total (toneladas)	950332	857326

Taxa de ocupação (%)	95.0	85.7
Energia total consumida (gj)	6588716.53	5905181.8
Energia térmica consumida (gj)	6230091.42	5580966.54
Percentagem de utilização (%)	94.6	94.5
Consumo de eletricidade (mwh)	98856	89399
Consumo de eletricidade/produção total (kwh/t)	104.02	104.28
Eletricidade consumida (gpd)	355881.6	321836.4
Percentagem de utilização (%)	5.4	5.5
Intensidade da energia incorporada (gj/t)	7.74	7.82
Consumo total de energia (gj)	6774555.17	5953138.17
Perdas totais de energia (gj)	2851072.61	2586621.95
Percentagem da utilização total de energia (%)	42.1	43.4
Energia total do produto (gj)	3923482.56	3318559.85
Percentagem da utilização total de energia (%)	57.9	55.7
Energia específica (gj/t)	4.13	3.87
Eficácia do procedimento (%)	58	56
Taxa de poluição global	0.73	0.78
$_2$Quantidade total de emissões de CO (tg co2)	765903.39	687732.52
Emissões de CO2 provenientes da combustão (tg co2)	354059.23	319125.12
Percentagem das emissões totais (%)	46.2	46.4
Emissões de co2 relacionadas com o processo (tg co2)	411844.15	368607.41
Percentagem das emissões totais (%)	53.8	53.6
Eficiência energética (gj/t)	6.93	6.51
Custo total da energia (em milhões de n)	411.8	393.5
Custos de energia de produção por unidade (n:k)/t	483 : 93	551:38

ÉPOCA DO ANO

1997	1998	1999
925755	917694	955247
92.6	91.8	95.5
6627237.02	6465282.67	6731198.82
6256890.7	6096441.49	6352837.51
94.4	94.3	94.4
102186	101750	104367
110.38	110.88	109.27
367869.6	366300	375721.2
5.6	5.7	5.6
7.38	7.11	7.11
6683815.77	6616679.85	6740164.88
3067324.19	3037665.52	3021315.68
45.9	45.9	44.8
3616491.58	3579014.33	3718849.2
54.1	54.1	55.2
3.91	3.9	3.89
54	54	55
0.85	0.85	0.81
799058.9	786908.04	797054.86
356997.05	347468.99	364616.86
44.7	44.2	45.7
442061.84	439439.05	432438
55.3	55.8	54.3
7.16	7.05	7.05
437.4	800.3	887.3
486 : 71	880 : 50	936 :78

Quadro 4.1 (b) Fábrica de cimento de SAGAMU
RESUMO DA ANÁLISE DA PRODUÇÃO ANUAL, DA ANÁLISE DAS ENTRADAS E SAÍDAS DE ENERGIA, DA ANÁLISE EXERGÉTICA E DA ANÁLISE DOS CUSTOS ENERGÉTICOS DE PRODUÇÃO
DATA DE ENTRADA EM FUNCIONAMENTO: 1978
TIPO DE PROCESSO: HÚMIDO
CAPACIDADE INSTALADA: 1.000.000 toneladas métricas

Indicadores	2000	2001
Produção total (toneladas)	960892	876849
Taxa de ocupação (%)	96.1	87.7
Energia total consumida (gj)	6965743.92	6160262.07
Energia térmica consumida (gj)	6601303.66	5829497.85
Percentagem de utilização (%)	94.8	94.6
Consumo de eletricidade (mwh)	103807	91158
Consumo de eletricidade/produção total (kwh/t)	108.03	103.96
Eletricidade consumida (gpd)	361555.2	328168.8
Percentagem de utilização (%)	5.2	5.3
Intensidade da energia incorporada (gj/t)	7.56	7.88
Consumo total de energia (gj)	7116829.84	6275441.66
Perdas totais de energia (gj)	2934993.4	2768042.43
Percentagem da utilização total de energia (%)	41.2	44.1
Energia total do produto (gj)	4181836.45	3507399.22
Percentagem da utilização total de energia (%)	58.8	55.9
Energia específica (gj/t)	4.35	4
Eficácia do procedimento (%)	59	56
Taxa de poluição global	0.7	0.79
Quantidade total de emissões de CO_2 (tg co2)	791225.06	728585.37
Emissões de CO2 provenientes da combustão (tg co2)	376242	331920.59
Percentagem das emissões totais (%)	47.6	45.6
Emissões de co2 relacionadas com o processo (tg co2)	414983.05	396664.77
Percentagem das emissões totais (%)	52.4	54.4
Eficiência energética (gj/t)	7.25	7.03
Custo total da energia n milhões	957. 02	4, 439. 9
Custos de energia de produção por unidade (n:k)/t	1,038 : 18	5,677 : 81

2002	2003	2004	2005
876064	710842	742273	692655
87.6	71.1	74.2	69.3
6459432.41	6179585.12	5609313.6	4638516.92
6138217.98	5893550.09	5322501.5	4390085.75
95.0	95.4	94.9	94.6
88447	78754	78843	85494
100.96	110.79	106.22	123.42
318409.2	283514.4	284846.4	246538.8
4.9	4.6	5.1	5.3
8.82	9.37	9.04	7.07
6722465.29	6225503.4	5898545.77	4729483.44
2764056.33	2514437.02	2486998.38	2095503.67
41.1	40.4	42.2	44.3
3958408.97	3711066.39	3411547.39	2633979.77
58.9	59.6	57.8	55.7
4.52	5.22	4.6	3.8
59	60	58	56
0.7	0.68	0.73	0.8

739157.27	685629.84	655734.73	548310.89
346551.36	332434.79	299616.36	247007.28
46.9	48.5	45.7	45.0
392605.91	353195.06	356118.37	301303.61
53.1	51.5	54.3	55.0
7.37	8.69	7.56	6.7
4, 548.6	4, 293. 7	4, 159.4	3, 552. 4
6,209 : 88	6,512 : 79	6,701 : 42	5,411 : 75

QUADRO 4.2: Fábrica de cimento de ASHAKA RESUMO DA PRODUÇÃO ANUAL E DOS RECURSOS ENERGÉTICOS DATA DE INÍCIO: 1979 INSTALAÇÃO DE PROCESSAMENTO: SECA CAPACIDADE: 700 000 toneladas

Indicadores

	2000	2001
) Produção do vale (toneladas)	801916	750894
Capacidade de iluminaçªo (%)	114.6	107.3
)tal energia consumida (gj)	3538792.19	3362185.9
Energia térmica consumida (gj)	3250632.67	3049517.51
Percentagem de ilização (%)	91.9	90.7
.ectricidade consumida (gpd)	286916.4	311382
.ectricidade consumida (mwh)	109664	94504
Percentagem de ilização (%)	8.1	9.3
Consumo/produção de eletricidade (kwh/t)	136.8	125.9
/intensidade de combustível (gj/t)	5.06	4.96
)tal Utilização de energia (gj)	3682724.13	3575810.52
)tal Perdas de energia (gj)	2471847.69	2361715.14
)tal Energia do produto (gj)	1210876.44	1214095.38
Energia ecológica (gj/t)	1.51	1.62
Eficiência do processo (%)	33	34
)níveis de poluição no vale	2.04	1.95
$_2$)emissões de co tal (tg co)$_2$	604255.27	574104.86
$_2$Emissões de CO relacionadas com a combustão >2>	236041.78	221344.45
Percentagem das emissões totais (%)	39.1	38.6
$_2$Emissões de CO com base em Iocess (tg Co)$_2$	368213.49	352760.41
Percentagem das emissões totais (%)	60.9	61.4
Rendimento energético (gj/t)	4.41	4.48
Vale Custos de energia (n : к)	231,658, 390 : 73	2, 309, 247, 022 : 50
N Custos de produção de energia (n:k)/t	331 : 09	3403 : 55

Anos

2002	2003	2004	2005
719870	700461	699448	705317
102.8	100.1	99.9	100.8
3544664.49	3282761.06	3700291.1	3600775.79
3268830.16	3014831.05	3399402.78	3331795.52
92.2	91.8	91.9	92.5
274600.8	266792.4	299617.2	267645.6
92470	99315	99501	104087
7.7	8.1	8.1	7.4
128.5	141.8	142.3	147.6
5.19	5.14	5.52	6.27
3754948.06	3495477.02	3974483.9	3806234.02
2423138.22	2236607.01	2424340.26	2091399
1331809.84	1258870.01	1550143.64	1714835.03
1.85	1.78	2.22	2.43
35	36	39	45

1.82	1.8	1.56	1.22
596894	550829.39	604465.58	543658.31
237286.53	218882.39	246775.03	241869.38
39.8	39.7	40.8	44.5
359607.47	331947	357690.55	301788.92
60.2	60.3	59.2	55.5
4.92	4.69	5.29	5.11
2, 063, 573, 757 : 00	2, 021, 432, 610 : 21	2, 239, 431, 747 : 35	2, 154, 519, 990 : 00
3019 : 95	3164 :24	3339 :48	3752 : 13

Figura 4.2: Planta da fábrica de cimento de Ashaka **<125**

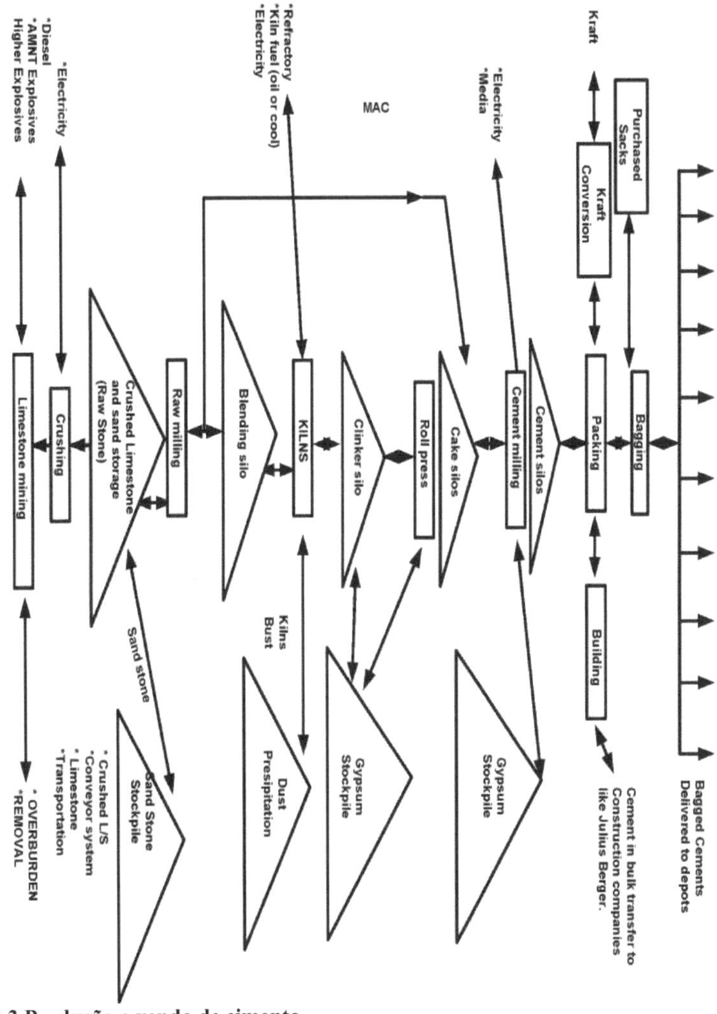

4.3 Produção e venda de cimento

O quadro 4.1 mostra que, durante o período de 1995-1999, a produção total de cimento, a produção total de clínquer e o clínquer total utilizado na produção de cimento na fábrica de Sagamu aumentaram de forma constante, com exceção de 1996, ano em que se registou um declínio acentuado, enquanto no período que se seguiu à reforma de 2000-2005, a produção total de cimento, a produção total de clínquer e o clínquer total utilizado na produção de cimento registaram um declínio constante de mais de 25% durante o período em análise. O ano em que a produção e as vendas de cimento na fábrica de Sagamu registaram os valores mais elevados foi 2000.

No que respeita às vendas de cimento, o quadro 4.1 mostra que o cimento da fábrica de Sagamu é vendido aos consumidores principalmente em sacos e não a granel; enquanto as vendas em sacos representam quase 90% das vendas totais, as vendas a granel representam apenas entre 10% e 12%. O gráfico 4.3 mostra a evolução da produção de cimento, enquanto o gráfico 4.4 mostra a evolução das vendas de cimento durante o período em análise.

A Figura 4.5 ilustra a evolução da produção de cimento, enquanto a Figura 4.6 mostra a evolução das vendas de cimento na fábrica de cimento Ashaka para o período 2000-2005.

A Tabela 4.2 e a Figura 4.4 mostram que a fábrica de cimento Ashaka registou uma queda de 13% na produção de cimento entre 2000 e 2004. Em 2000, a fábrica produziu 801.916 toneladas de cimento, enquanto em 2004, a produção anual de cimento da Ashaka foi de apenas 699.448 toneladas. No entanto, entre 2004 e 2005, a fábrica registou um ligeiro aumento de 8,4% na sua produção de cimento.

No que diz respeito à produção de clínquer, o quadro 4.2 mostra que, com exceção de 2004, mais de 95% do clínquer produzido na fábrica de Ashaka foi utilizado para a produção de cimento; o mesmo quadro mostra ainda que a produção de clínquer alternou entre aumentos e diminuições, mas que, globalmente, diminuiu 20% durante o período em análise. Em 2000, a produção total de clínquer foi de 754 423 toneladas, enquanto em 2005 foi de apenas 605 652 toneladas.

A figura 4.5 mostra que as vendas totais de cimento na fábrica de Ashaka diminuíram 13%, de 801.916 toneladas em 2000 para 699.713 toneladas em 2004, enquanto se registou um ligeiro aumento de 2% entre 2004 e 2005. O quadro 4.2 e o gráfico 4.5 mostram que mais de 94% das vendas totais de cimento da fábrica de Ashaka durante o período em análise foram efectuadas em sacos, enquanto as vendas a granel representaram menos de 5% das vendas totais.

A Tabela 4.3 compara a utilização da capacidade de produção (PCU) das fábricas de cimento de Sagamu e Ashaka para o período de 2000 a 2005, enquanto a Figura 4.7 mostra a tendência na utilização da capacidade de produção das duas fábricas para o mesmo período. A taxa de utilização da capacidade de produção (PCU) é um rácio que compara a capacidade de produção da fábrica de cimento com a sua capacidade de produção instalada.

A figura 4.7 e o quadro 4.3 mostram que a unidade seca de Ashaka teve um desempenho muito melhor do que a unidade húmida de Sagamu. Embora ambas as centrais tenham registado um declínio na PCU, a central de Ashaka não produziu menos de 100% de PCU durante todo o período, enquanto a central de Sagamu só conseguiu atingir 96% em 2000 e este valor caiu para cerca de 69% em 2005.

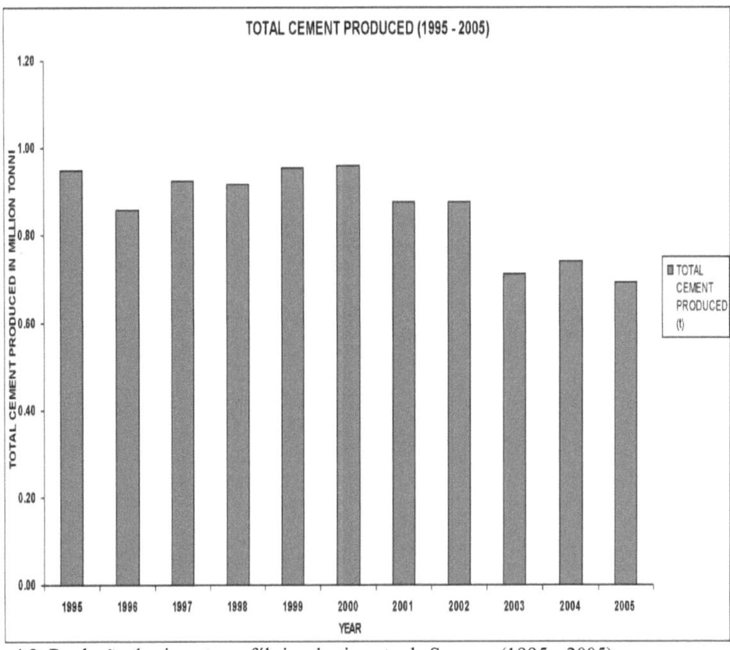

Figura 4.3: Produção de cimento na fábrica de cimento de Sagamu (1995 - 2005)

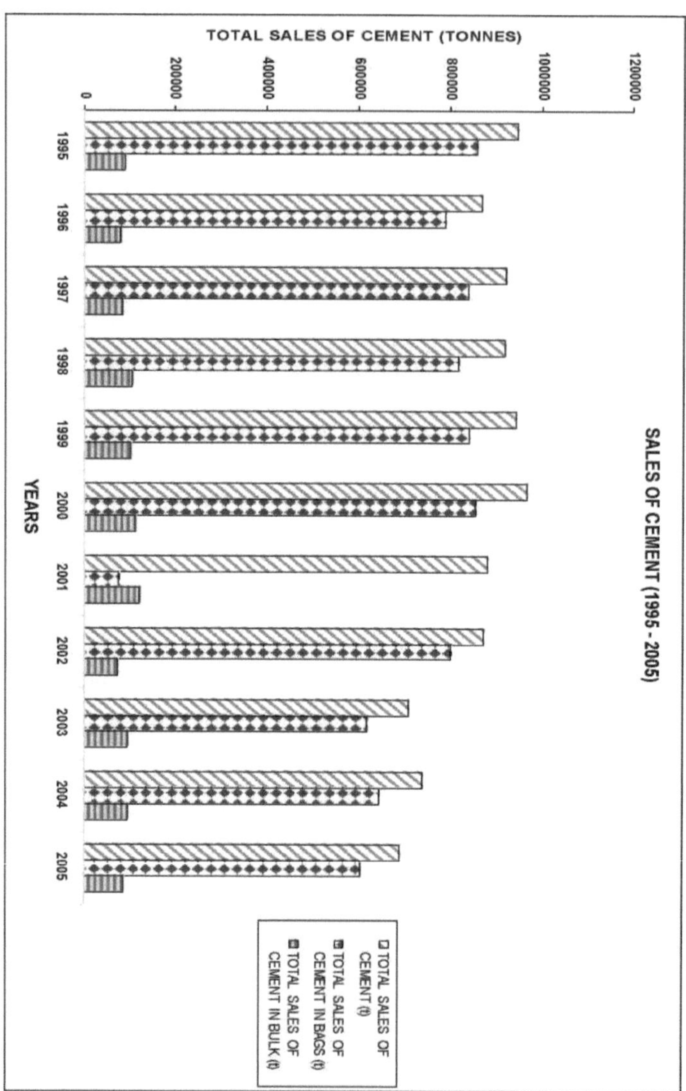

Figura 4.4: Vendas de cimento na fábrica de cimento de Sagamu (1995 - 2005)
CIMENTO PRODUZIDO (2000 - 2005)

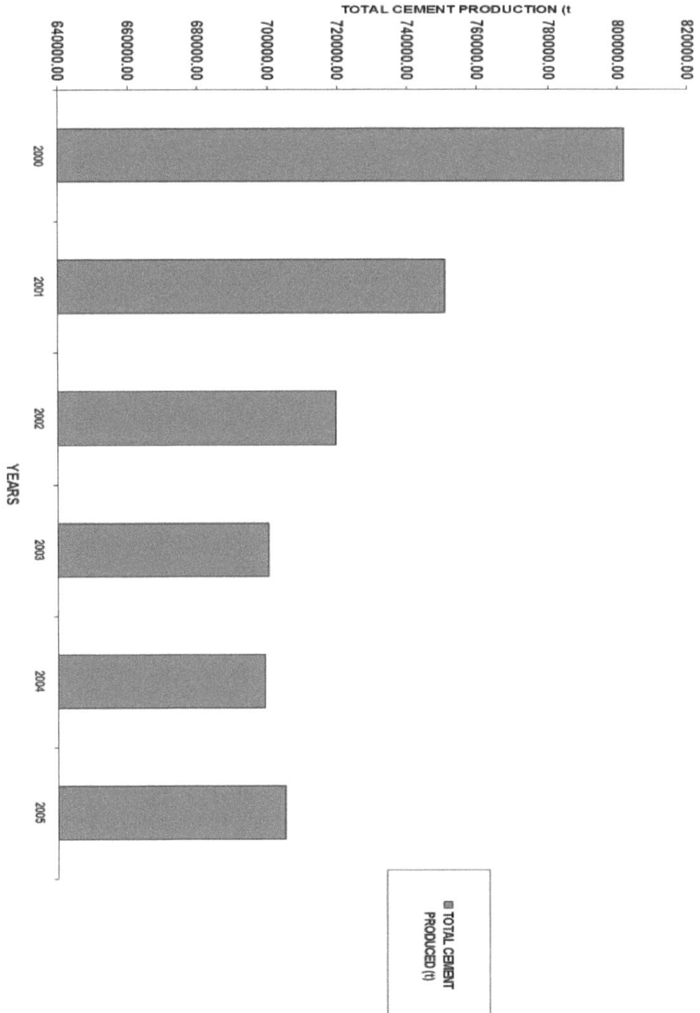

Figura 4.5: Produção de cimento na fábrica de cimento Ashaka (2000 - 2005)

Figure 4.6: Vendas de cimento da fábrica de cimento Ashaka (2000 - 2005)

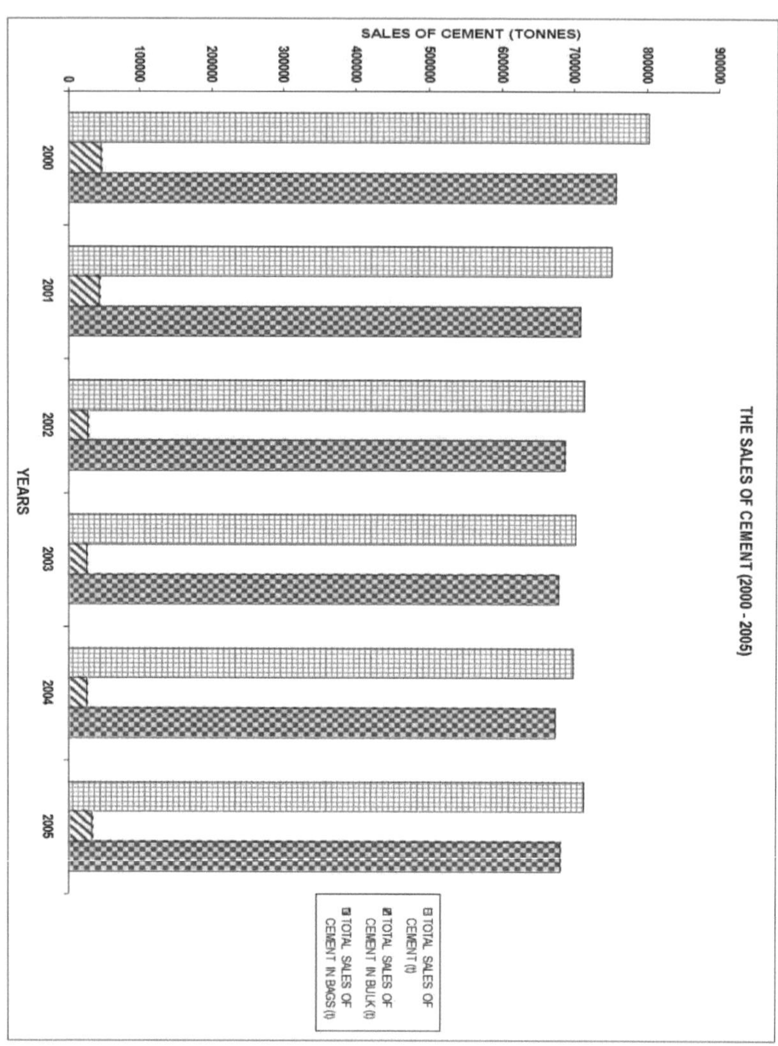

Quadro 4.3: Comparação da utilização da capacidade das fábricas de cimento de Ashaka e Sagamu (2000 - 2005)

LÁGRIMAS INDICADORAS	2000
Produção total (toneladas) - ashaka	801916
Utilização da capacidade de produção (%) - ashaka	114.6
Produção total (toneladas) - Sagamu	960892
Taxa de utilização da capacidade de produção (%) - (%)	96.0

SAGAMU

2001	2002	2003	2004	2005
750894	719870	700461	699448	705317
107.3	102.8	100.1	99.9	100.8
876849	876064	710842	742273	692655
87.7	87.6	71.1	74.2	69.3

Figure 4.7: Comparação da utilização da capacidade de produção das fábricas de cimento de Ashaka e Sagamu (2000 - 2005)

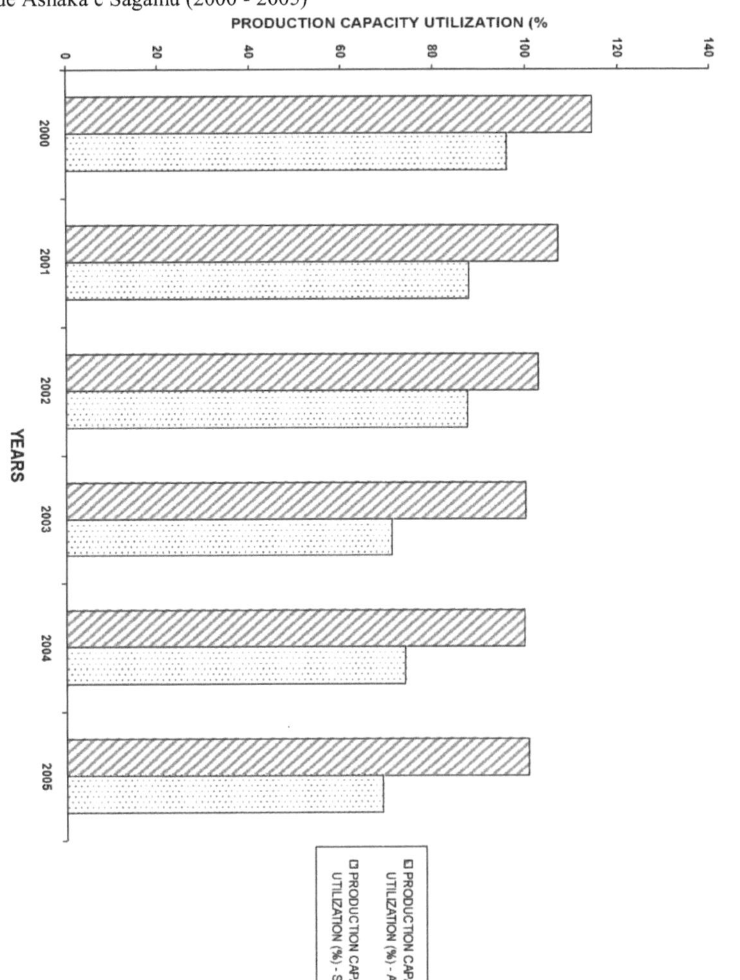

4.4 <u>Utilização e consumo de energia.</u>

O consumo total de energia na fábrica de Sagamu tem seguido a mesma tendência que a produção e venda de cimento, sendo 2000 o ano de maior consumo de energia, e os anos subsequentes apresentando uma queda acentuada de 25% no consumo de energia (Figura 4.8). A Tabela 4.1 mostra que a fábrica de Sagamu utiliza quatro fontes de energia térmica para o seu funcionamento. São elas o gás natural, o gasóleo (AGO), a gasolina (PMS) e o fuelóleo de baixo teor de água (LPFO). O quadro mostra igualmente que o gás natural é a principal fonte de energia térmica utilizada pela fábrica de cimento de Sagamu.

Durante o período de 1995-1999, a utilização de gás natural na central de Sagamu oscilou entre 90% e 94% da energia térmica total consumida. No entanto, após a reforma, a utilização de gás natural na central de Sagamu aumentou consideravelmente, passando de 93% do consumo total de energia térmica em 2000 para mais de 97% em 2005. No que diz respeito a outras fontes de energia térmica, o gasóleo (AGO) representou entre 5,5% e 8,8% do consumo total de energia térmica entre 1995 e 1999, enquanto a sua utilização diminuiu após a reforma, entre 2000 e 2005, passando de uma percentagem anual de utilização de 6,5% da energia térmica total em 2000 para apenas 2,3% em 2005; os dados indicam que a fábrica de cimento fez esforços deliberados para reduzir a utilização de AGO para a produção de eletricidade.

A utilização de gasolina (PMS) na fábrica de cimento de Sagamu representou apenas uma percentagem entre 0,22% e 0,33% antes e depois da reforma. No que diz respeito à utilização de LPFO, parece claro que a fábrica participou ativamente na eliminação gradual desta fonte de energia como fonte de energia térmica para a fábrica; durante o período de 1995 a 1999, a utilização de LPFO passou de uma percentagem anual de 0,0039% em 1995 para apenas 0,0009% da utilização de energia térmica em 1999. No período de 2000-2005, a utilização de LPFO continuou a diminuir, passando de uma percentagem anual de 0,001% em 2000 para 0,0002% em 2005.

Durante todo o período 1995-2005, o consumo total de energia térmica representou mais de 94% da energia consumida pela central de Sagamu, enquanto o consumo de eletricidade representou pouco mais de 5% do consumo total de energia. A Figura 4.9 mostra a evolução do consumo de energia térmica no período 1995-2005.

No que se refere ao consumo de eletricidade, o estudo mostrou que, para a fábrica de Sagamu, este dependeu consideravelmente da produção registada durante o período abrangido, tendo 1999 registado o consumo mais elevado e 2003 o valor mais baixo (Figura 4.10). No entanto, se considerarmos o rácio entre o consumo de eletricidade e a produção, o ano de 2001 foi o mais baixo, com 103,96 kWh/tonelada, enquanto o ano de 2003 foi o mais elevado, com

110,79 kWh/tonelada. A Figura 4.10 mostra a evolução do consumo de eletricidade por unidade de produção no período de 1995 a 2005.

O estudo revelou igualmente que a fábrica de Sagamu utilizou mais explosivos no período 1995-1999 do que no período 2000-2005. Mesmo no período anterior, os baixos explosivos (ANFO) representavam entre 59% e 68% do total de explosivos utilizados, enquanto no período seguinte (2000-2005) a sua proporção desceu para entre 54% e 59,5%. Os altos explosivos representaram entre 32% e 40% do total de explosivos utilizados no período 1995-1999, tendo a sua utilização aumentado enormemente no período subsequente (2000-2005), atingindo entre 40% e 45% do total de explosivos utilizados. A Figura 4.12 mostra a evolução da utilização de ANFOs e de grandes explosivos entre 1995 e 2005.

A Figura 4.13 mostra as mudanças no uso e consumo de energia, enquanto a Figura 4.14 mostra as mudanças no consumo de energia térmica na fábrica de cimento Ashaka entre 2000 e 2005.

Os números acima e o quadro 4.2 mostram que a fábrica de cimento de Ashaka utiliza principalmente fontes de energia térmica e eletricidade. Durante o período em análise, a fábrica utilizou três fontes de energia térmica, nomeadamente: Óleo combustível de baixa humidade (LPFO), gasóleo (AGO) e gasolina (PMS). Os dados disponíveis indicam que a energia térmica representou mais de 90% do consumo total de energia, enquanto a eletricidade representou os restantes 10%. Em termos de fonte de energia utilizada, o LPFO representou entre 92% e 96% da utilização total de energia térmica, enquanto o AGO representou entre 3% e 7% da energia térmica total e a PMS entre 0,8% e 1,0% da energia térmica.

No que diz respeito ao consumo total de energia, a Figura 4.13 mostra que o maior consumo de energia foi registado em 2000, seguido de uma queda gradual de 22% no consumo total de energia entre 2000 e 2002. Entre 2002 e 2004, o consumo total de energia registou um novo aumento de 23%, com uma ligeira descida de 5% entre 2004 e 2005.

No que diz respeito ao consumo de eletricidade, a Figura 4.15 mostra que, na central de Ashaka, o ano 2000 foi o ano de maior consumo de eletricidade, com um consumo total de 109 664 Mwh, seguido de uma diminuição gradual do consumo total de 16% a partir de 2000, atingindo um consumo total de 92 470 Mwh em 2002. A este decréscimo gradual seguiu-se um aumento de 13% entre 2002 e 2005, pelo que o consumo total de eletricidade foi de 104 087 Mwh em 2005.

No que respeita ao consumo de eletricidade por unidade de produção, a Figura 4.16 mostra que o consumo de eletricidade por unidade de produção na fábrica de Ashaka foi mais baixo em 2001, com 125,9 kWh/tonelada, e aumentou 14,7% em 2005, para 147,6 kWh/tonelada. O quadro e o gráfico mostram que a fábrica de Ashaka consumiu cada vez mais eletricidade para a sua produção entre 2001 e 2005.

No que respeita à utilização de explosivos, a fábrica de Ashaka, tal como a fábrica de Sagamu, utilizou dois tipos de explosivos, nomeadamente explosivos de alta potência e explosivos ANFO, que são explosivos de baixa potência. Tal como mostra a Figura 4.17, a fábrica utilizou 28% de explosivos de alta potência e 72% de explosivos ANFO para a detonação e exploração de pedreiras durante o período em análise.

A Tabela 4.1(b) e a Tabela 4.2 mostram que, em ambas as fábricas de cimento, mais de 90% da energia total consumida foi energia térmica, sendo os restantes 10% eletricidade. Este padrão de utilização de energia para as duas fábricas contrasta com as necessidades de energia primária para a produção de cimento Portland nos países industrializados, onde o consumo de energia é de 70% de energia térmica e 30% de eletricidade (Karwa et al, 1998, CEMBREAU, 2001).

Figure 4.8: Consumo total de energia na fábrica de cimento de Sagamu (1995 - 2005)

TOTAL ENERGY IN MILLIONS
0.00
1000000.00
2000000.00
3000000.00
4000000.00
5000000.00
6000000.00
7000000.00
8000000.00
1995
1996
1997
1998
1999
2000
2001
2002
2003
2004
2005
YEAR
TOTAL ENERGY CONSUMED (1995 - 2005)
TOTAL ENERGY CONSUMED (GJ)

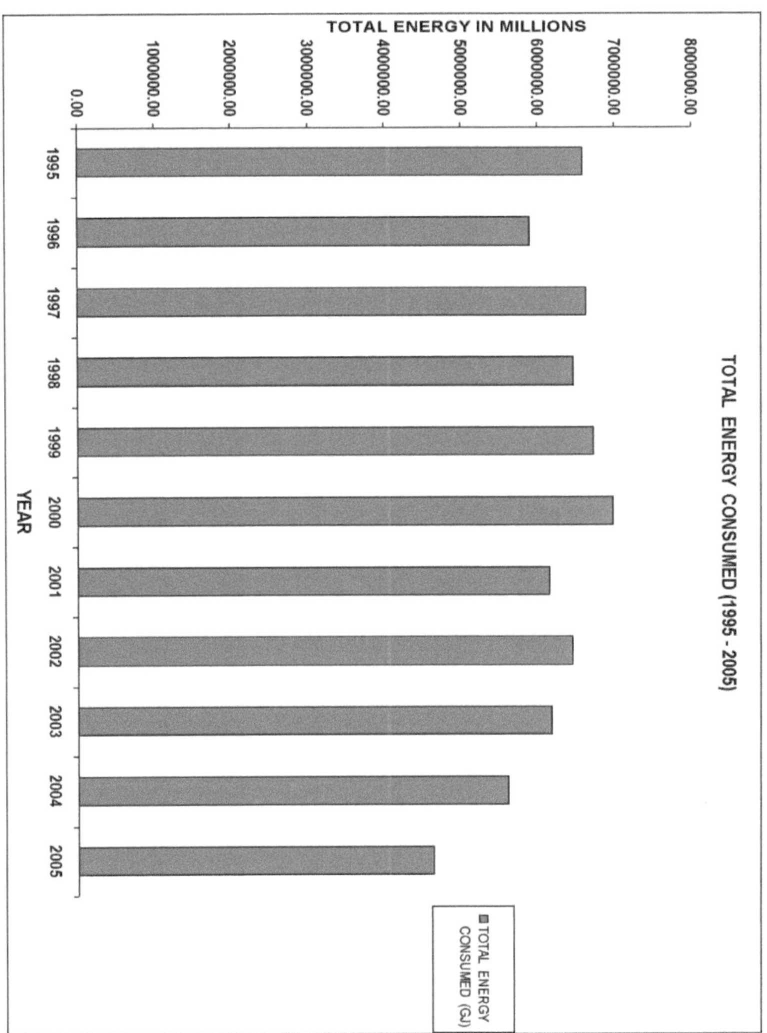

117

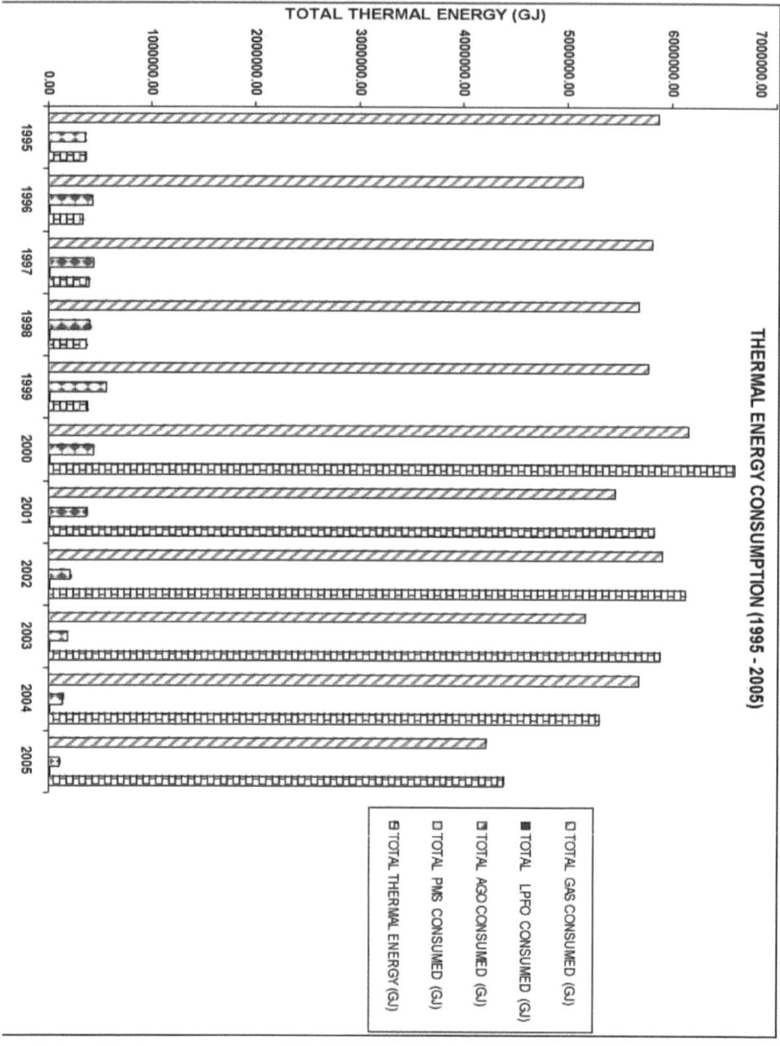

Figura 4. 9: Consumo de energia térmica da fábrica de cimento de Sagamu (1995 - 2005)

Figure 4.10: Consumo de eletricidade na fábrica de cimento de Sagamu (1995 - 2005)

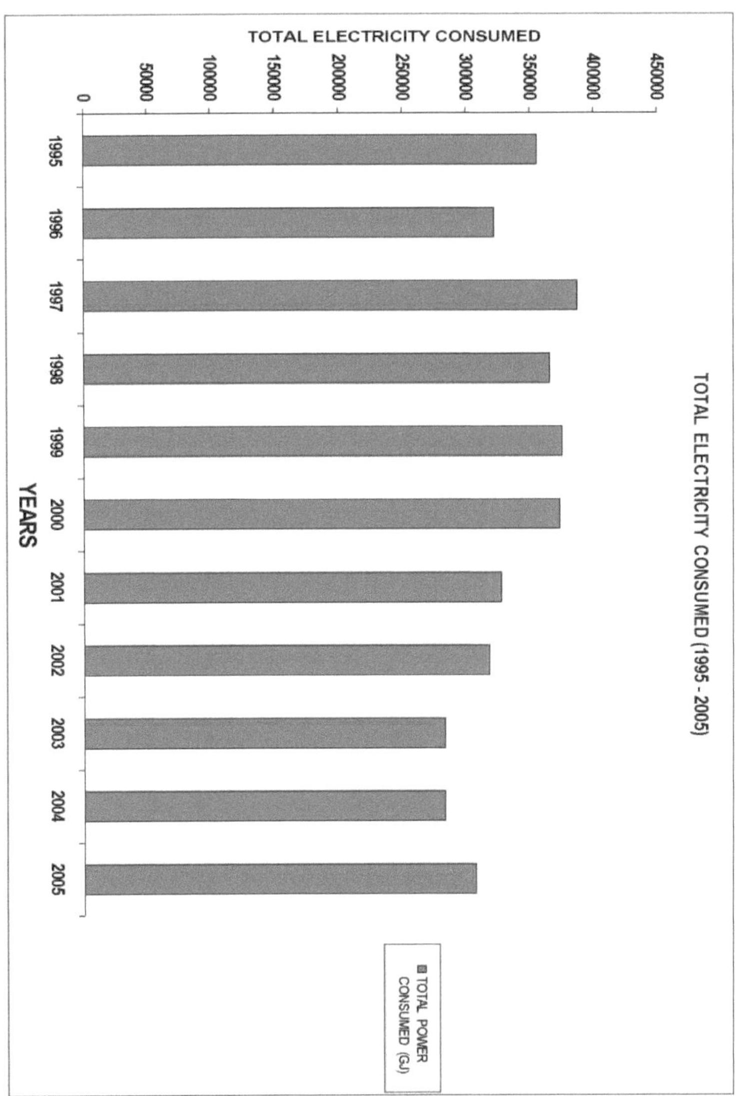

TOTAL ELECTRICITY CONSUMED (1995 - 2005)
TOTAL ELECTRICITY CONSUMED
0
50000
100000
150000
200000
250000
300000
350000
400000
450000
1995
1996
1997
1998
1999
2000
2001
2002
2003
2004
2005
YEARS
TOTAL POWER CONSUMED (GJ)

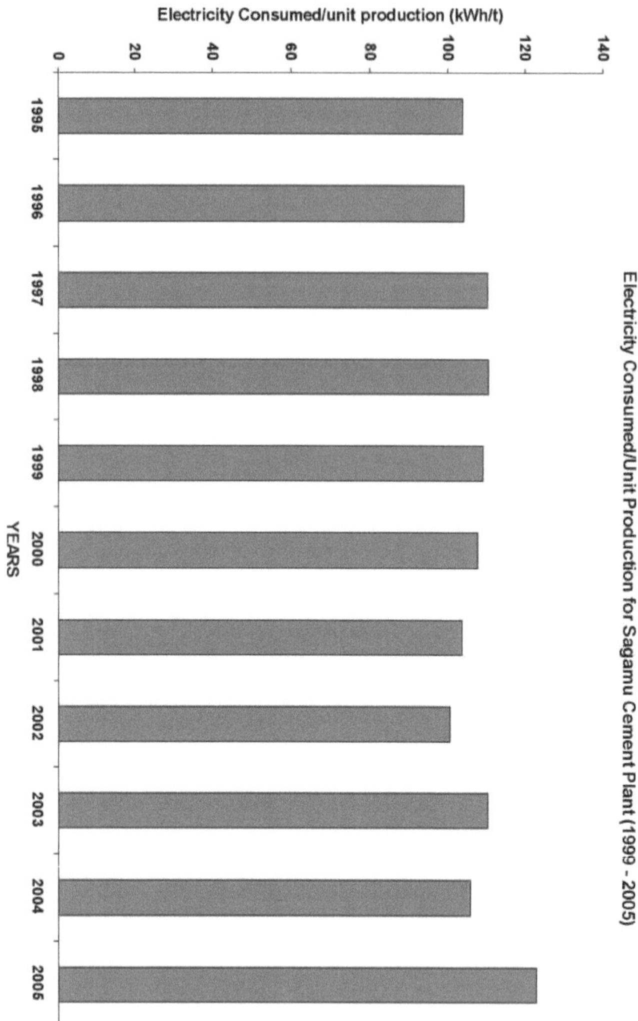

Figure 4.11:   Consumo de eletricidade/unidade de produção da fábrica de cimento de Sagamu (1995 - 2005)

Figura 4.12: Utilização de explosivos de alta potência e ANFO na fábrica de cimento de Sagamu (1995 - 2005)

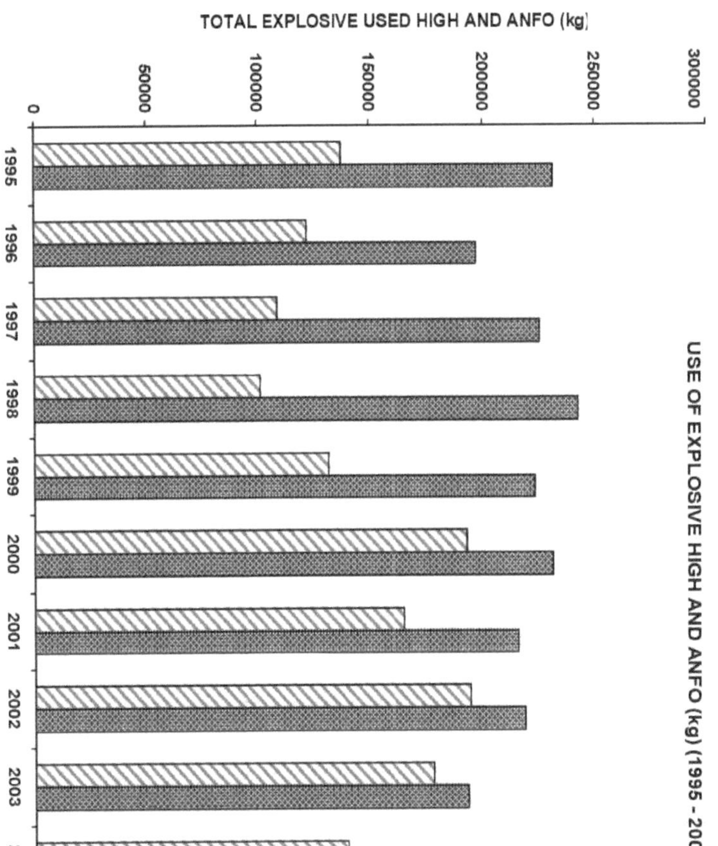

TOTAL EXPLOSIVE USED HIGH AND ANFO (kg)
0
50000
100000
150000
200000
250000
300000
1995
1996
1997
1998
1999
2000
2001
2002
2003
2004
2005
USE OF EXPLOSIVE HIGH AND ANFO (kg) (1995 - 2005)

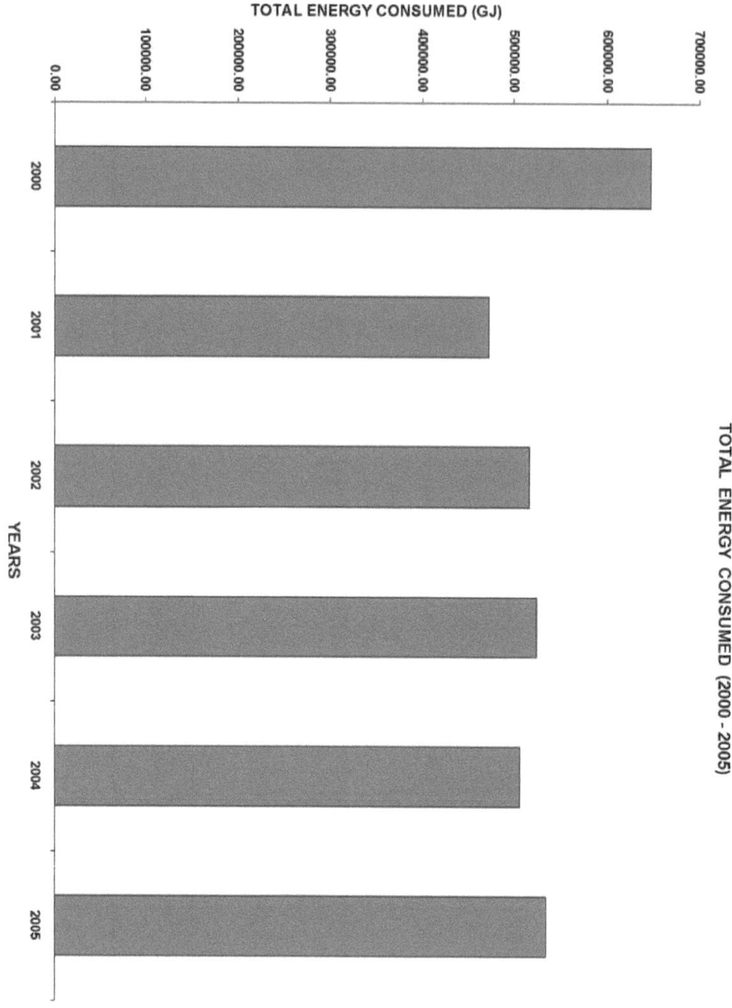

Figure 4.13: Consumo total de energia na fábrica de cimento de Ashaka (2000 - 2005)
Utilização de energia térmica na fábrica de cimento de Ashaka (2000 -2005)

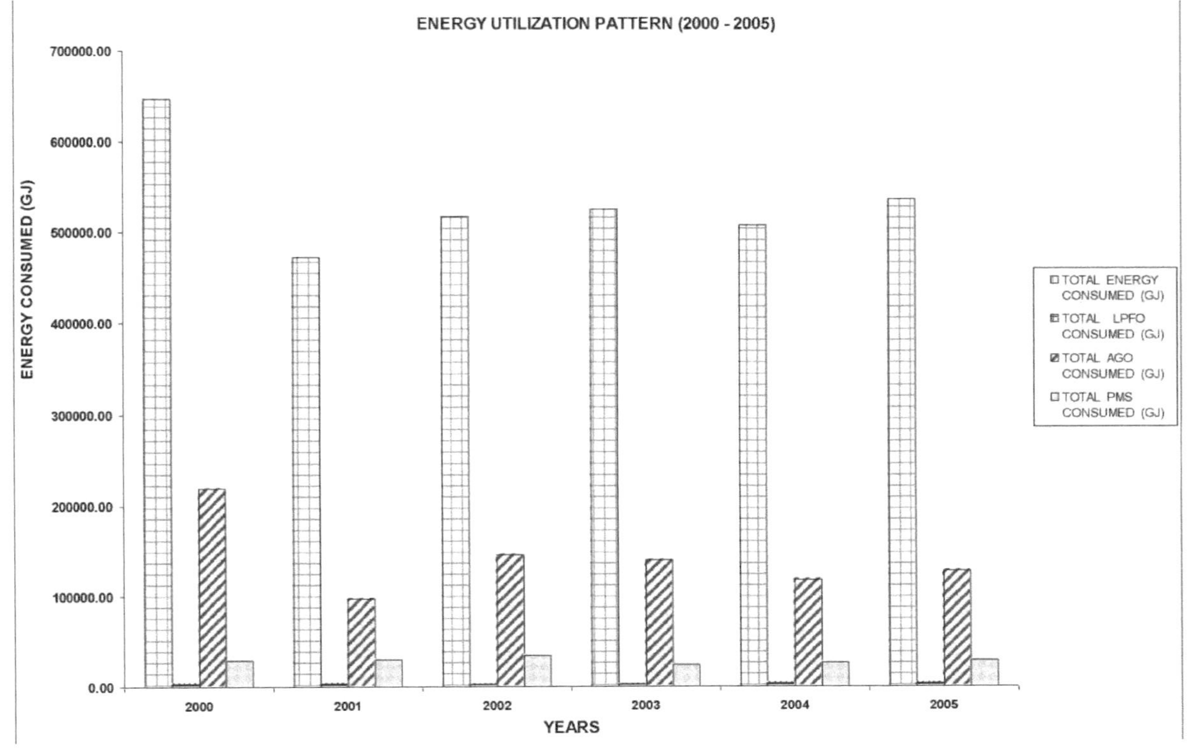

Figure 4.14:   Consumo de eletricidade na fábrica de cimento de Ashaka (2000 - 2005)

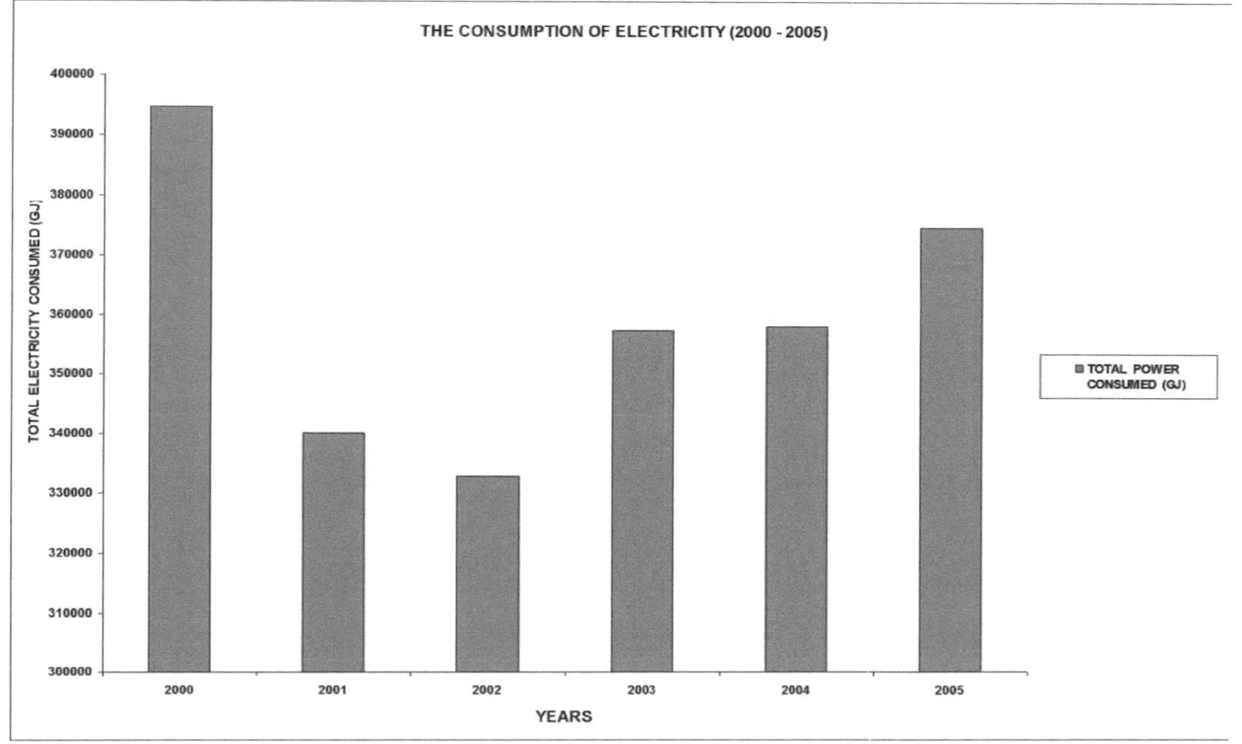

Figura 4.16: Consumo de eletricidade por unidade de produção na fábrica de cimento de Ashaka (2000 - 2005)

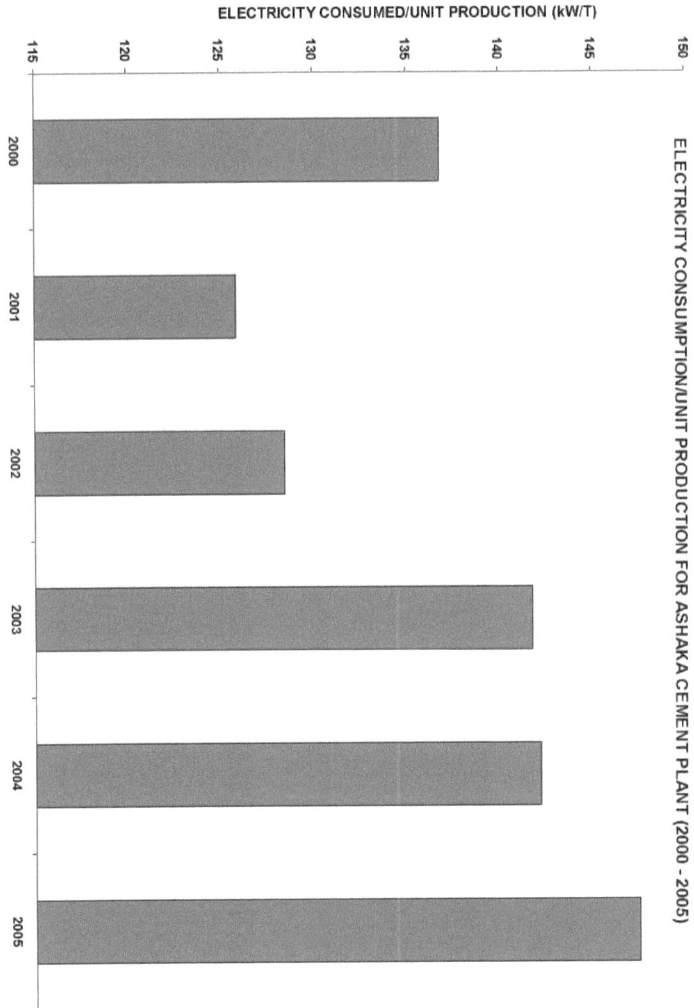

Figura 4.17: Utilização de explosivos na fábrica de cimento de Ashaka (2000 - 2005)

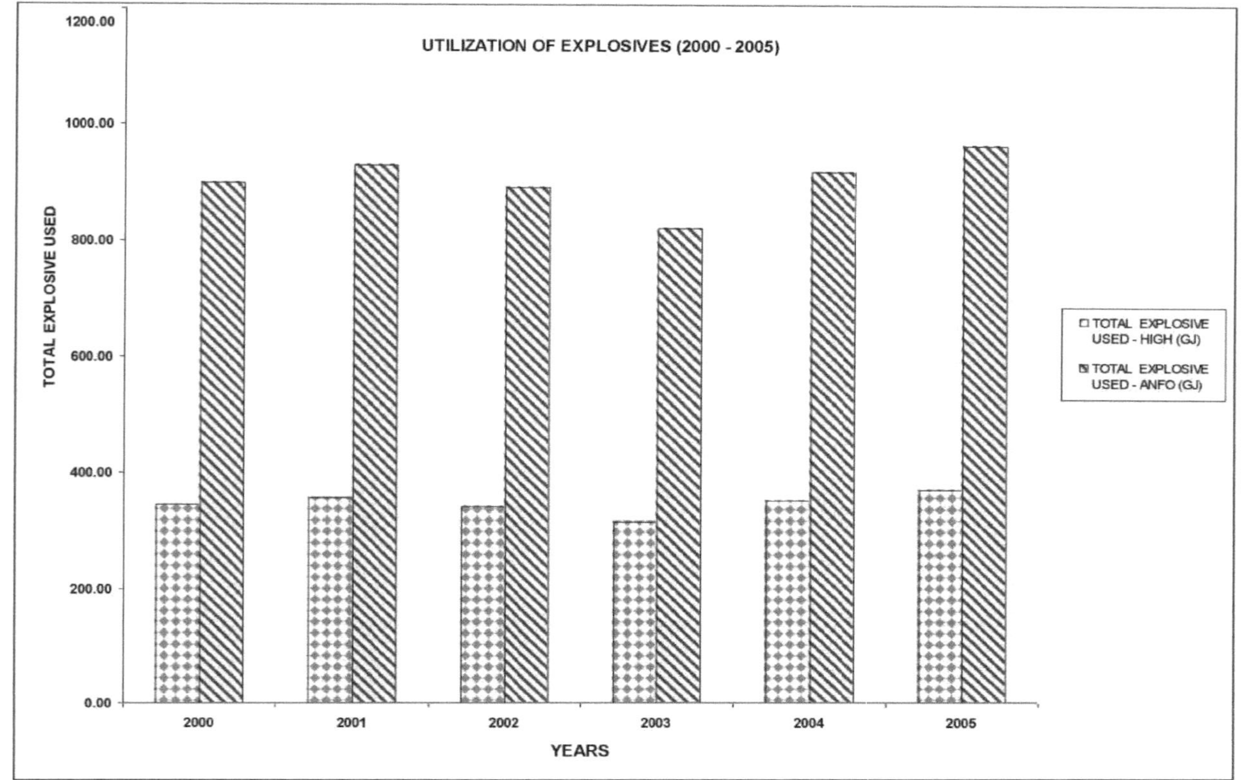

UTILIZATION OF EXPLOSIVES (2000 - 2005)
TOTAL EXPLOSIVE USED
1200.00
1000.00
800.00
600.00
400.00
200.00
0.00
2000
2001
2002
2003
2004
2005
YEARS
TOTAL EXPLOSIVE USED - HIGH (GJ)
TOTAL EXPLOSIVE USED - ANFO (GJ)

4.5 Produção e transacções de energia nos quatro subsectores de produção

4.5.1 Departamento de pedreiras e de trituração.

Na zona da pedreira e da britadeira, o calcário dinamitado é obtido através da remoção de resíduos e da sua explosão com explosivos. O calcário dinamitado é então enviado diretamente para os trituradores para produzir calcário britado. Estes trituradores são alimentados por eletricidade. A fábrica de cimento de Sagamu e a fábrica de cimento de Ashaka têm ambas dois departamentos de extração e de trituração. O quadro da produção e das transacções de energia para a fábrica de Sagamu pode ser consultado nos apêndices A5 e A6 e o quadro das transacções para a fábrica de Ashaka no apêndice B4.

O Quadro 4.4 (a) apresenta os resultados da determinação do consumo total de exergia para os explosivos nas secções da pedreira e do triturador, enquanto os pormenores da sua estimativa são apresentados no Apêndice C7; o Quadro 4.4 (b) apresenta o resumo das perdas de exergia nas secções da pedreira e do triturador, enquanto os pormenores da sua estimativa são apresentados no Apêndice C8.

O estudo mostrou que as principais fontes de entrada de exergia na secção provêm do calor de formação dos explosivos utilizados na secção (ANFO e nitroglicerina), enquanto as fontes de perda de exergia são os gases emitidos como resultado do efeito da explosão na secção. Os gases emitidos incluem o monóxido de carbono, o dióxido de carbono, o vapor de água, o azoto e o oxigénio. A principal fonte de perda de energia é o vapor de água emitido.

O estudo revelou igualmente que a produção de calcário na fábrica de Sagamu registou um aumento constante durante o período 1995-1999, tendo esta tendência sido invertida durante o período 2000-2005. O estudo mostrou igualmente que, na central de Sagamu, as principais fontes de energia utilizadas nas secções de extração e de britagem são a eletricidade (utilizada para fazer funcionar todo o equipamento da secção), o gasóleo (AGO) e a gasolina (PMS). Os explosivos (ANFO e High) foram utilizados na secção para detonar rocha calcária primária e secundária.

O estudo revelou que a fábrica de Sagamu registou um declínio na produção de calcário e nos factores de utilização e fiabilidade da pedreira e da zona de britagem durante o período em análise. Durante este período, o fator de utilização passou de 48% em 1995 para cerca de 38% em 2005 e o fator de fiabilidade passou de 76% em 1995 para 55% em 2005. Estes resultados mostram que a zona de pedreiras e de britagem da fÆbrica de Sagamu nªo funcionou a plena capacidade durante o período que se seguiu à reforma.

O quadro do Apêndice B4 mostra que entre 94% e 96% da produção total de calcário na fábrica de Ashaka é consumida ou enviada para a unidade de britagem. Em termos de capacidade de britagem, a fábrica de Ashaka registou um aumento de 5,3% entre 2000 e 2003, mas entre 2003 e 2005 a capacidade de britagem diminuiu 19%, passando de 607,12 toneladas/hora em 2003 para 491,57 toneladas/hora.

No que diz respeito à intensidade energética direta da fábrica de Ashaka nesta secção, é de notar que a intensidade energética direta diminuiu mais de 38% entre 2000 e 2001, de 0,055 GJ/t para 0,034 GJ/t, a que se seguiu um aumento muito acentuado de mais de 108% entre 2001 e 2002. Este aumento acentuado de 0,071 GJ/t em 2002 deveu-se à utilização de mais 12% de gasolina (PMS) nesse ano e a uma queda de 4% na produção efectiva de calcário nesse ano em comparação com o ano anterior.

Quadro 4.4 (a): Despesa total de energia para a pedreira e a zona de britagem.

Indicadores	Anfo	Nitroglicerina
Fórmula química	C0.365h4.713n2o3	C3h5 (no3)3
Explosão química Equação Elementos essenciais	0,365co + 2,357h2o + n2+ 0,1392o2	3co2+ 2,5h2o + 1,5n2+ 0,25o2
	0,365 c + 4,713h + 2n + 3o	3c + 5h + 3n + 9o
Peso molecular	85,09 kg	227g
Calor de explosão aef	7144 mj/kg	6380 mj/kg
Trabalho efectuado Utilização da exergia	0,1086 mj/kg 7144,11mj/kg	0,0765 mj/kg 6380,08 mj/kg

Quadro 4:4 (b) Perdas exergéticas totais para a pedreira e a zona de britagem.

| INDICADORES | ANFONITROGLIC |
ERINA	
Fórmula química	C0.365H4.713N2O3	C3H5 (N03)3
Explosão química Equação	0,365CO + 2,357H2O + N2+0,1392O2 3CO2+2,5H2O + 1,5N2+0,25O2
Temperatura de explosão	^{0}2280	C218 C^{0}

Quantidade de gás emitida /mol

CO	0,120kg	
CO2 H2O Vapor de água		-0,581kg
N2	0,499kg0	,198kg
O2	0.329kg0	.185kg
	0,0523kg0	,0352kg

Perdas de energia devido a gases emitidos

CO	0,780MJ/kg	
CO_2	-	141,87KJ/kg
Vapor H_2O	11,479MJ/kg	227,83KJ/kg
N_2	2,128MJ/kg	73,88KJ/kg
O_2	0,276MJ/kg	11,33KJ/kg

4.5.2 <u>Gama de moagem em bruto.</u>

Na unidade de moagem de cru, o calcário britado, misturado com outros aditivos, é transformado em cru. Esta farinha crua é obtida através da mistura do calcário previamente moído na pedreira e na britadeira com outros factores de produção primários para melhorar a qualidade da farinha crua que é enviada para o forno. Na fábrica de cimento de Sagamu, a farinha crua é misturada com água para formar uma pasta. Esta pasta é armazenada num tanque de armazenamento, de onde é bombeada para o forno. A fábrica de cimento de Sagamu tem três unidades na área da moagem de cru, enquanto a fábrica de Ashaka tem dois moinhos de cru. Os moinhos de cru são alimentados por eletricidade.

A tabela de produção e transacções de energia para a central de Sagamu nesta secção pode ser encontrada nos apêndices A7 - A8, e a tabela para a central de Ashaka no apêndice B5.

Na fábrica de Sagamu, foram utilizados apenas dois factores de produção primários durante o período de referência, nomeadamente o xisto e o aluvião vermelho; a partir de 2003, a argila de Abeokuta foi acrescentada como terceiro fator de produção primário. O estudo mostrou que os factores de produção primários representaram menos de 10% da produção total de lamas durante todo o período de referência. O estudo mostrou também que a totalidade das lamas produzidas foi consumida na produção de clínquer.

Em termos de factores de produção primários utilizados na fábrica de Sagamu, o xisto representava 93% de todos os factores de produção primários utilizados na produção de lamas entre 1995 e 1997, mas a tendência inverteu-se entre 1998 e 1999, altura em que o aluvião vermelho se tornou o principal fator de produção primário. Com a introdução da argila de Abeokuta em 2003, esta suplantou a utilização da aluvião vermelha e tornou-se o principal fator de produção em 2005. A quantidade relativa de material primário adicionado durante a mistura de lamas depende da qualidade do calcário na instalação de trituração durante o período considerado.

Nesta parte da fábrica de Sagamu, a única fonte de energia utilizada é a eletricidade, para fazer funcionar as várias máquinas e instalações utilizadas para misturar o calcário e outras matérias-primas primárias, para manter os tanques de lamas e para bombear as lamas para o forno. No que diz respeito ao consumo de eletricidade, com exceção de 2003 e 2005, o sector tem mantido um padrão regular e claro no seu consumo de energia, o que se reflecte na estabilidade da intensidade energética direta. Ao contrário da secção de extração e trituração, a secção de moagem de crude da fábrica de Sagamu apresentou um fator de utilização e fiabilidade favorável às necessidades de produção durante o período em análise.

O Apêndice B5 mostra que, na fábrica de Ashaka, toda a farinha crua produzida é enviada para o forno e para a área de arrefecimento para a produção de clínquer. Mostra também que o arenito representa entre 47% e 51% do total de farinha crua produzida. O estudo revelou igualmente que, entre 2000 e 2005, a fábrica de Ashaka registou um declínio gradual de 14% na sua produção de farinha crua. Em 2000, a produção foi de 128,15 toneladas/hora, enquanto em 2005 desceu para 110,22 toneladas/hora.

No que diz respeito à intensidade de energia direta utilizada na secção relativa à central de Ashaka, o estudo revelou que os resultados comunicados apresentavam um padrão muito invulgar. Em 2001, 2004 e 2005, a intensidade de energia direta comunicada situou-se entre 0,094 e 0,095 GJ/t, enquanto em 2000, 2002 e 2003, a intensidade de energia direta comunicada situou-se entre 0,084 e 0,085 GJ/t.

Este padrão invulgar pode ser explicado pelo facto de, nos anos em que a intensidade energética direta foi elevada, o aumento da produção efectiva de farinha crua não ter sido acompanhado por um aumento correspondente do consumo de energia. Em 2004, por exemplo, um aumento de 4,7% da produção de farinha crua em relação ao ano anterior foi conseguido graças a um aumento de 15% do consumo de eletricidade. Do mesmo modo, em 2002, um aumento de 2% da produção efectiva de farinha crua em relação ao ano anterior foi conseguido através de uma redução de 7,3% do consumo de eletricidade.

4.5.3 <u>Secção de combustão e arrefecimento</u>

A zona de cozedura e arrefecimento produz clínquer, a principal matéria-prima utilizada no fabrico de cimento. Tanto a fábrica de cimento de Sagamu como a de Ashaka dispõem de instalações de produção de clínquer. Na fábrica de Sagamu, o clínquer é produzido através da queima de lamas húmidas bombeadas da zona de moagem em bruto num forno. Os fornos da fábrica de Ashaka têm uma capacidade de produção de 55 toneladas de clínquer por hora.

O quadro de produção e transacções de energia nesta secção para a central de Sagamu encontra-se nos Apêndices A9 - A10 e o quadro para a central de Ashaka no Apêndice B6.

O estudo revelou que, nesta secção da central de Sagamu, são utilizadas três fontes de energia térmica: gás natural (GN), gasóleo (AGO) e fuelóleo de baixo teor de água (LPFO). Enquanto o AGO é utilizado principalmente para produzir a eletricidade necessária para o funcionamento dos fornos, o LPFO é utilizado como combustível de base para o aquecimento do forno. O gás natural é utilizado como principal fonte de energia térmica para sinterizar as matérias-primas provenientes da unidade de moagem de matérias-primas e convertê-las em clínquer. O gás natural representa 95% do consumo total de energia para toda a produção de cimento em Sagamu.

O estudo mostrou igualmente que a fábrica de Sagamu podia satisfazer as suas necessidades de clínquer para a produção de cimento e que o forno produzia mais de 80% da sua capacidade nominal; com exceção de 1998, ano em que o forno funcionou a 94% da sua capacidade nominal, verificou-se que o forno funcionou entre 86% e 92% da sua capacidade nominal durante os outros períodos considerados. No que diz respeito ao desempenho do forno da fábrica de Sagamu, o estudo mostrou que o desempenho do forno era satisfatório, com exceção dos anos de 1996 e 2001.

O Anexo B6 mostra, para a fábrica de Ashaka, que, com exceção de 2004, mais de 90% do clínquer produzido foi utilizado para a produção de cimento nos outros anos; em 2004, o total de clínquer utilizado para a produção de cimento foi de apenas 82%. O estudo mostrou também que a utilização dos fornos na fábrica de Ashaka, medida pela potência em relação à potência nominal, tem vindo a diminuir gradualmente. Em 2000, a potência do forno era de 90% da potência nominal, enquanto em 2004 tinha descido para 85%; em 2005, contudo, a potência do forno em relação à potência nominal aumentou ligeiramente para 91%.

No que diz respeito à intensidade energética direta desta secção para a fábrica de Ashaka, o estudo mostrou que tinha aumentado 24% entre 2000 e 2005. Este aumento ao longo dos anos deveu-se a incoerências entre as diminuições da produção e as reduções/aumentos da utilização de energia. Por exemplo, embora em 2002 a produção de clínquer tenha aumentado 2% em relação ao ano anterior e o consumo total de energia 6% em relação a 2001, o aumento da intensidade de energia direta foi de apenas 4% em relação a 2001; por outro lado, em 2005 a produção de clínquer e o consumo total de energia diminuíram 16% e 3%, respetivamente, em relação a 2004, enquanto a intensidade de energia direta aumentou 15%.

4.5.4 **Terminar a secção de lixar.**

Na fase final de moagem, o clínquer produzido na zona de cozedura e arrefecimento é moído com gesso para obter cimento Portland. O grau de moagem do cimento é determinado por vários condicionalismos de máquinas e materiais. Estas restrições operacionais incluem a capacidade de produção disponível nas fábricas de cimento, a disponibilidade de gesso, o fornecimento potencial de cimento, a frequência de enchimento e ensacamento e a capacidade de armazenamento dos silos de cimento.

Tanto a fábrica de cimento de Sagamu como a de Ashaka têm duas moagens. O quadro recapitulativo da produção e das transacções de energia na secção relativa à fábrica de Sagamu encontra-se no Apêndice A11 - A12, e o da fábrica de Ashaka no Apêndice B7.

O gesso é um mineral comum composto por sulfato de cálcio hidratado ($CaSO_4. 2H_2O$). É uma rocha sedimentar muito difundida, formada pela precipitação de sulfato de cálcio da água do mar; está frequentemente associada a outros depósitos salinos, como a halite e a anidrite, bem como a calcário e xisto. O gesso cristaliza-se no sistema monoclínico sob a forma de cristais brancos ou incolores, maciços ou em placas. Muitos exemplares são coloridos de verde, amarelo ou preto por impurezas. Com uma dureza de 1,5 a 2, é suficientemente macio para ser esculpido com uma unha e tem uma densidade relativa de 2,3.

O estudo revelou que o gesso utilizado na produção de cimento na fábrica de Sagamu representava entre 0,52% e 9,08% de todos os factores de produção utilizados no processo de moagem, registando os anos de 1997 a 2000 a menor utilização de gesso. O estudo mostrou igualmente que não existia um padrão reconhecível para o rácio cimento/clínquer na fábrica de Sagamu, uma vez que variava consideravelmente das melhores práticas, que recomendam um intervalo de 0,8 a 1,0 (CEMBREAU, 1997). No entanto, o estudo mostrou que a fábrica estava a funcionar satisfatoriamente durante os períodos estudados.

O estudo mostrou também que a eletricidade era utilizada como fonte de energia nesta secção da fábrica de Sagamu e que a utilização de eletricidade correspondia ao modelo de produção da fábrica e era satisfatória.

O Apêndice B7 mostra que mais de 90% do cimento produzido pela fábrica de Ashaka foi vendido. O quadro mostra igualmente que o consumo de gesso na fábrica de Ashaka depende da quantidade de clínquer utilizada na produção de cimento. O estudo revelou que a utilização de gesso não segue um padrão específico e o quadro mostra que o gesso foi utilizado numa proporção de 5,5 a 6,7% do total de clínquer utilizado na produção de cimento.

O quadro do Apêndice B7 mostra igualmente que o rácio cimento/clínquer na fábrica de Ashaka permaneceu estável em 1,06 entre 2000 e 2003, mas mudou ligeiramente para 1,09 em 2004 e depois mudou drasticamente para 1,16 em 2005. A mudança radical nestes dois anos deveu-se à qualidade do clínquer produzido em ambos os anos, o que exigiu uma maior utilização de gesso.

No que diz respeito à produção da secção da fábrica de Ashaka, o Anexo B7 mostra que a produção de cimento mais elevada foi registada em 2000, com uma taxa de produção de 58,15 toneladas/hora, e a mais baixa em 2004, com uma taxa de produção ou produção de 53,54 toneladas/hora. A produção no período 2000 - 2005 é considerada óptima, uma vez que atingiu o nível ótimo de pelo menos 50 toneladas/hora com base na capacidade de produção da fábrica.

No que diz respeito à intensidade energética direta da unidade, o quadro do Apêndice B7 mostra que 2001 foi o ano mais atípico para a fábrica de Ashaka, cujo consumo total de energia foi o mais elevado, embora não tenha tido a produção mais elevada. De 2002 a 2005, a intensidade de energia direta aumentou gradualmente em mais de 14%, principalmente devido ao aumento gradual do consumo total de energia e à queda da produção total.

4.6   **Intensidade da energia incorporada**

O estudo revelou uma variação muito grande no valor estimado da intensidade de energia cinzenta para a central de Sagamu durante o período considerado. No período de 1996-1999, a intensidade de energia cinzenta diminuiu consideravelmente, em cerca de 9%, passando de um valor de 7,82 GJ/tonelada para 7,11 GJ/tonelada. A esta redução da intensidade de energia cinzenta seguiu-se um aumento de mais de 32% no período 2000-2003, durante o qual o valor da intensidade de energia cinzenta subiu de 7,11 GJ/t para 9,37 GJ/t. Seguiu-se uma queda de 25% na intensidade de energia cinzenta entre 2003 e 2005, quando o valor da intensidade de energia cinzenta desceu de 9,37 GJ/t para 7,07 GJ/t. Verificou-se que este padrão de aumentos e diminuições foi largamente influenciado por aumentos e diminuições na utilização total de energia, por um lado, e na utilização principal de energia térmica, em particular o gás natural, por outro. A Figura 4.18 mostra a intensidade energética da fábrica de Sagamu para o período 1995-2005.

Como se mostra na Tabela 4.2 e na Figura 4.19, a intensidade de energia cinzenta estimada para a fábrica de Ashaka flutuou significativamente durante o período 2000-2002. Em 2001, a intensidade de energia cinzenta da fábrica de cimento Ashaka foi de 4,96 GJ/t, cerca de 2% inferior à registada em 2000. A esta queda da intensidade de energia cinzenta seguiu-se um aumento de 4,4% em 2002, para 5,19 GJ/tonelada. A intensidade de energia cinzenta aumentou gradualmente em 22%, passando de 5,14 GJ/t em 2003 para 6,27 GJ/t em 2005. Verificou-se que este padrão de aumentos e diminuições foi largamente influenciado por aumentos e diminuições na utilização total de energia, por um lado, e pelo aumento da utilização de energia térmica, por outro. Em 2002, por exemplo, a intensidade de energia cinzenta aumentou em comparação com o ano anterior, devido a um aumento de 5,4% no consumo total de energia e a um aumento de 7,2% no consumo total de energia térmica, apesar de uma queda de 5,6% na utilização da capacidade.

A Tabela 4.5 compara a intensidade energética da fábrica de cimento seco de Ashaka e da fábrica de cimento húmido de Sagamu para o período 2000-2005; a Figura 4.20 ilustra a tendência sob a forma de um gráfico de barras.

A tabela e a figura mostram que a intensidade energética da fábrica de Ashaka variou de 4,96 a 6,27 GJ/tonelada, enquanto a fábrica de Sagamu teve uma intensidade mais elevada, de 7,07 a 9,37 GJ/tonelada. Como esperado, um forno húmido tem uma intensidade energética mais elevada devido ao elevado teor de humidade de cerca de 30% na farinha crua (Karwa et al., 1998). No forno de processo húmido, a energia é utilizada para a evaporação da água antes do início do processo de calcinação. No entanto, o valor indicado para a fábrica de Sagamu por via húmida é bastante elevado quando comparado com as melhores práticas, que recomendam que os fornos de processo por via húmida não devem exceder 5,3 a 7,1 GJ/tonelada de clínquer (COWIconsult et al, 1993).

No forno de secagem, onde o material de alimentação tem um teor de humidade muito mais baixo (0,5%), a necessidade típica de combustível para um forno de secagem com um pré-aquecedor de 4 ou 5 fases é da ordem dos 3,2 a 3,5 GJ/tonelada de clínquer (COWIconsult et al, 1993). Este consumo de energia revela igualmente que a unidade de secagem de Ashaka está a funcionar acima dos requisitos das melhores práticas internacionais. Por conseguinte, pode concluir-se que ambas as fábricas necessitam de planos estratégicos para reduzir o seu consumo total de energia para um nível que lhes permita competir a nível internacional e cumprir a regulamentação ambiental.

Quadro 4. 5: Comparação da intensidade energética final do cimento Ashaka e Sagamu Plantas (2000 - 2005)

		LÁGRIMAS INDICADORAS					
		2000	**2001**	**2002**	**2003**	**2004**	**2005**
	Intensidade	5.06	4.96	5.19	5.14	5.52	6.27
Energia incorporada (gj/t) - ashaka							
Ancorado Energia (GJ/t) - SAGAMU	Intensidade	7.56	7.88	8.82	9.37	9.04	7.07

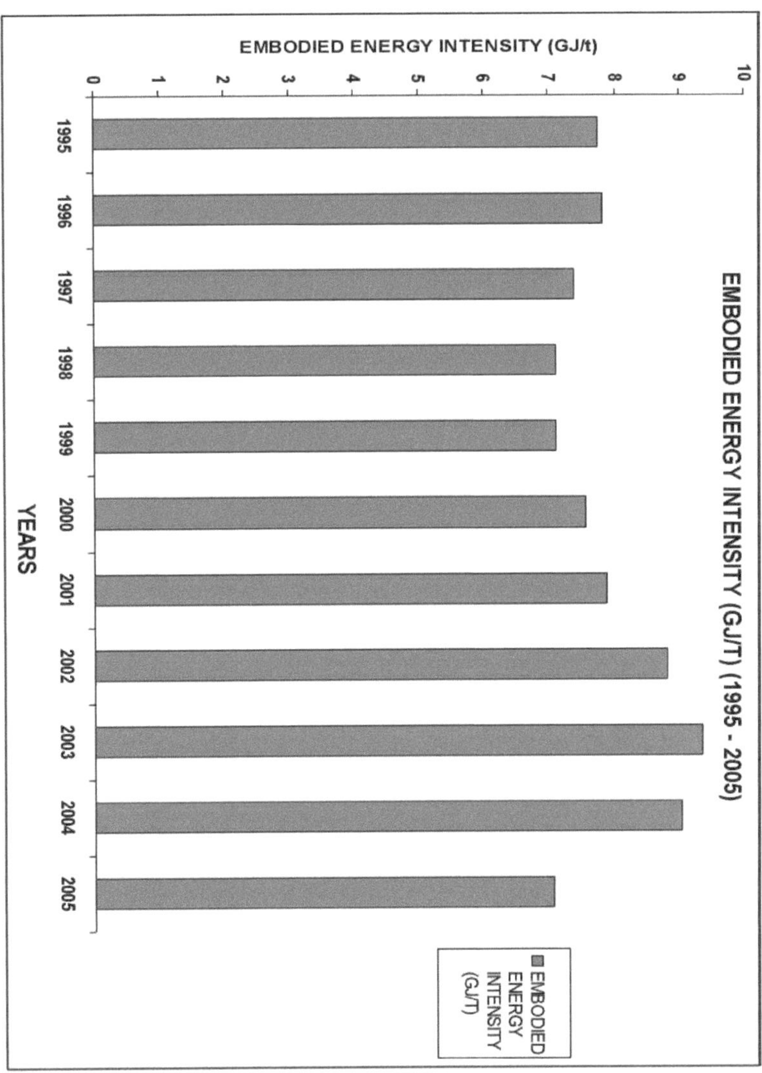

Figura 4.18: Intensidade energética materializada para a fábrica de cimento de Sagamu (1995 - 2005)

Figura 4.19: Intensidade energética da fábrica de cimento de Ashaka (2000 - 2005)

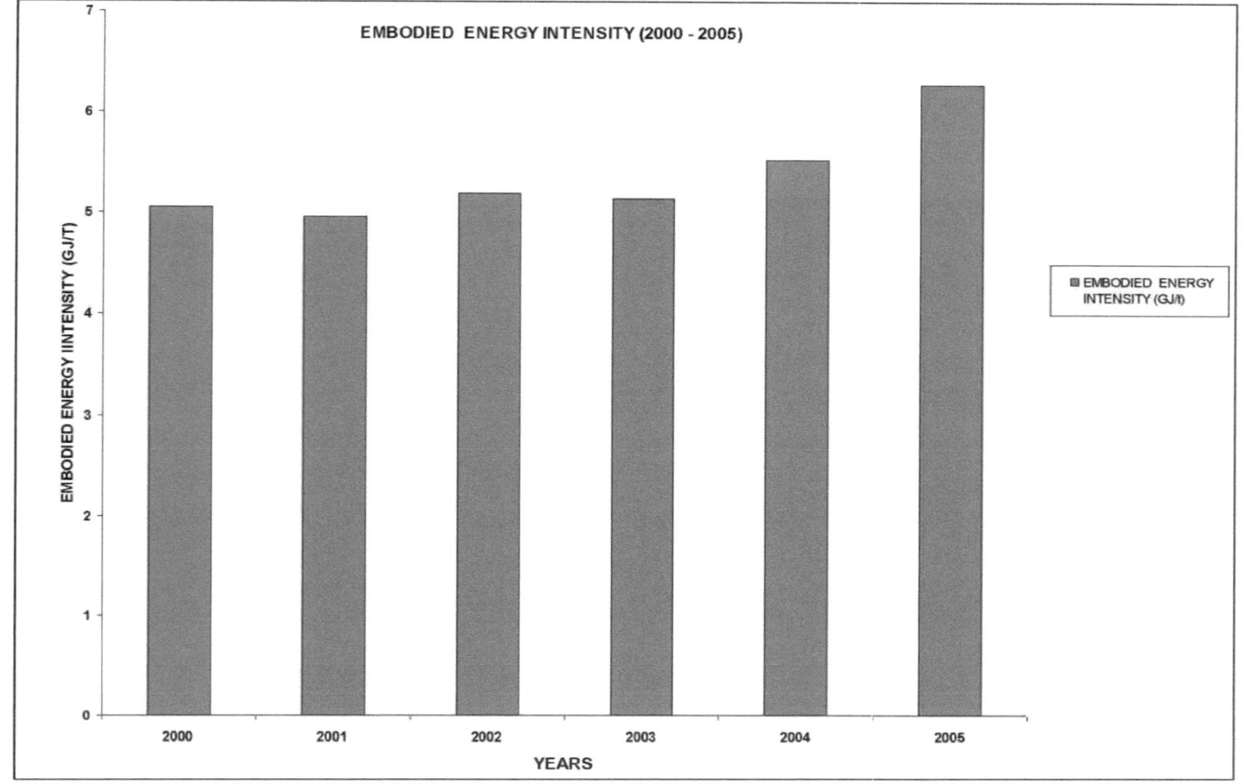

EMBODIED ENERGY INTENSITY (2000 - 2005)
EMBODIED ENERGY IINTENSITY (GJ/T)
YEARS
2000
2001
2002
2003
2004
2005
EMBODIED ENERGY INTENSITY (GJ/t)

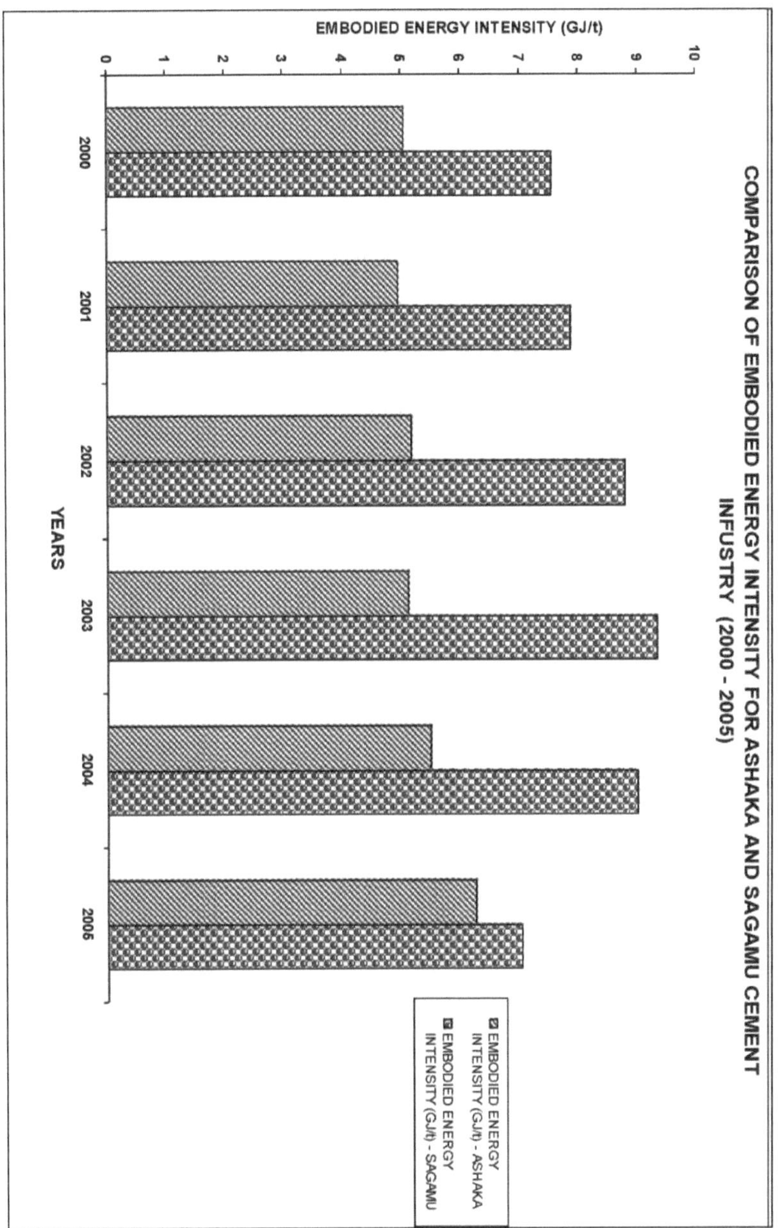

Figura 4.20: Comparação da intensidade energética das fábricas de cimento de Ashaka e Sagamu (2000 - 2005)

4.7 **Energia, eficiência dos processos e níveis de poluição**

A eficiência do processo ou a eficiência da utilização de energia e a taxa de poluição foram estimadas utilizando a análise exergética. Na fábrica de Sagamu, verificou-se que as perdas exergéticas representam entre 40% e 44% da exergia total introduzida no processo de produção, enquanto a exergia total do produto representa entre 54% e 60% da exergia total introduzida. O ano de 2003 foi o que registou as menores perdas de exergia na fábrica de Sagamu e o melhor ano em termos de eficiência energética, com uma eficiência global do processo de 60%. Verificou-se que, em 2003, não só a utilização da capacidade foi a segunda mais baixa (cerca de 71%), como também a energia térmica utilizada foi a mais elevada, representando cerca de 95,4% da energia total utilizada; durante o ano, 96,6% da energia térmica total utilizada foi gás natural.

Inversamente, os anos de 1997 e 1998 na fábrica de Sagamu, com uma taxa de utilização média de 93% e 92%, respetivamente, registaram a eficiência de processo mais baixa, 54%, e as perdas exergéticas mais elevadas, mais de 45%; estes dois anos também registaram a utilização de energia térmica mais baixa, pouco mais de 94% da utilização total de energia, com a utilização de gás natural a representar apenas 93%. A Figura 4.21 mostra a evolução da eficiência do processo, enquanto a Figura 4.22 apresenta a análise exergética da fábrica de Sagamu para o período de 1995 a 2005.

Globalmente, a fábrica de cimento de Sagamu registou uma eficiência de utilização de energia ou exergia entre 54% e 60%, o que é considerado ótimo em comparação com as melhores práticas mundiais, que recomendam um nível ótimo de 50% (Koroneous et al., 2005).

Em termos de exergia específica, que indica a utilização de exergia por unidade de produção, a fábrica de Sagamu registou uma queda de 5,8% na exergia específica entre 1995 e 1999. Esta tendência decrescente foi seguida de um aumento de 24% no período 2001-2003. Relativamente ao período 2003-2005, o relatório revela que a exergia específica diminuiu 27%, passando de 5,22 GJ/tonelada em 2003 para 3,8 GJ/tonelada em 2005.

Esta tendência da exergia específica mostra que quanto maior for a eficiência energética, maior será a exergia específica por unidade de produção. A Figura 4.23 mostra a exergia específica da central de Sagamu para o período de 1995 a 2005.

O estudo revelou igualmente que a taxa global de poluição da fábrica de Sagamu se situava entre 0,68 e 0,85 durante o período do inquérito. Entre 1995 e 1998, a taxa de poluição aumentou 16%, passando de 0,73 para 0,85, seguida de uma diminuição de 18% da taxa de poluição, que passou de 0,85 em 1998 para apenas 0,70 em 2000. Entre 2000 e 2005, a taxa de poluição registou uma forte flutuação, variando entre 0,68 e 0,79. O nível de poluição mais baixo, 0,68, foi registado em 2003, enquanto os valores mais elevados, 0,85, foram medidos em 1997 e 1998. É interessante notar que os anos em que a eficiência energética ou a eficiência da utilização de energia foi muito elevada registaram a taxa de poluição mais baixa, enquanto os anos em que a eficiência energética foi mais baixa registaram a taxa de poluição mais elevada. A Figura 4.24 mostra a taxa de poluição total da fábrica de cimento de Sagamu para o período de 1995 a 2005.

No entanto, em geral, o índice de poluição registado para a fábrica de cimento de Sagamu foi inferior a 1,00, o que significa que o impacto do processo no ambiente depende das restrições tecnológicas do processo de conversão de energia da fábrica.

A Figura 4.25 mostra a eficiência do processo para a fábrica de Ashaka no período 2000-2005, enquanto a Figura 4.26 mostra a entrada total de energia externa, as perdas totais de energia externa e a energia externa total do produto. A exergia específica do produto é mostrada na Figura 4.27 para este período.

Os quadros e gráficos mostram que as perdas de exergia na fábrica de Ashaka representavam 55-67% da exergia total que entrava no processo de produção, enquanto a exergia total do produto representava 33-45% da exergia total. É de notar, no entanto, que as perdas de exergia diminuíram gradualmente ao longo do período de seis anos, enquanto a exergia do produto aumentou gradualmente.

Durante o período de 2000 a 2005, a eficiência da utilização de energia (eficiência exergética) da fábrica de cimento Ashaka aumentou mais de 12%, de um valor de 33% para 45%. Apesar deste aumento, a eficiência exergética da fábrica de cimento de Ashaka continua abaixo do ótimo recomendado pelas melhores práticas mundiais, ou seja, 50% (Korroneous et al., 2005).

A exergia específica (exergia por unidade de produção) da central de Ashaka, apresentada na Figura 4.27, mostra um aumento gradual de 61% no período 2000-2005. Em 2000, a exergia específica era de apenas 1,51 GJ/t, aumentando para 2,43 GJ/t em 2005. Esta evolução pode dever-se a uma série de factores, mas o principal fator identificável foi a redução da utilização da capacidade de cerca de 12% durante este período.

A Figura 4.28 e o Quadro 4.2 mostram que a taxa de poluição total na fábrica de Ashaka variou entre 1,22 e 2,04 durante o período de estudo, indicando uma diminuição gradual ao longo do período. A diminuição global da taxa de poluição durante o período de estudo foi superior a 33%. A taxa de poluição anual mais baixa foi de 1,22 em 2005, enquanto a taxa mais elevada de 2,43 foi atingida em 2000. É interessante notar que a central de Ashaka atingiu uma exergia (eficiência na utilização da energia) muito elevada nos anos com os níveis de poluição mais baixos e os níveis de exergia mais baixos nos anos com os níveis de poluição mais elevados.

No entanto, o índice de poluição da fábrica de cimento Ashaka era sistematicamente superior a 1,00, o que significa que o impacto do processo de fabrico de cimento no ambiente era muito elevado. No entanto, a tendência decrescente da poluição indica que a fábrica envidou esforços para reduzir os seus níveis de poluição.

A Tabela 4.6 compara a eficiência do processo e a taxa de poluição das fábricas de cimento de Ashaka (processo seco) e Sagamu (processo húmido) para o período 2000-2005, enquanto as Figuras 4.29 e 4.30 mostram a tendência da eficiência do processo e da taxa de poluição para as duas fábricas.

A Tabela 4.6 e a Figura 4.29 mostram que a fábrica de Sagamu de processo húmido foi mais eficiente em termos de consumo de energia do que a fábrica de processo seco. A fábrica de processo húmido foi mais de 50% eficiente durante todo o período, enquanto a fábrica de processo seco foi entre 33% e 45% eficiente. A eficiência foi atribuída ao tipo de energia utilizada pelas fábricas de cimento no processo do forno. Enquanto a fábrica húmida de Sagamu utiliza gás natural para o forno, a fábrica seca de Ashaka utiliza LPFO, que não é tão eficiente em termos energéticos devido ao seu conteúdo energético inferior ao do gás natural. No entanto, é de notar que a eficiência do forno aumentou de forma constante durante o período abrangido pelo relatório, o que indica que a fábrica está a fazer alguns esforços para melhorar o seu funcionamento.

Como se pode ver no quadro 4.5 e na figura 4.30, a utilização de LPFO na instalação de secagem é também responsável pela elevada taxa de incrustação da instalação de Ashaka em comparação com a instalação húmida de Sagamu. O quadro e a figura mostram igualmente que, apesar desta situação, a fábrica de Ashaka envidou esforços consideráveis para reduzir a sua taxa de incrustação. A taxa de poluição da central diminuiu em mais de 40%, passando de 2,04 em 2000 para 1,22 em 2005. A figura 4.28 ilustra esta tendência decrescente da taxa de poluição da fábrica de cimento de Ashaka.

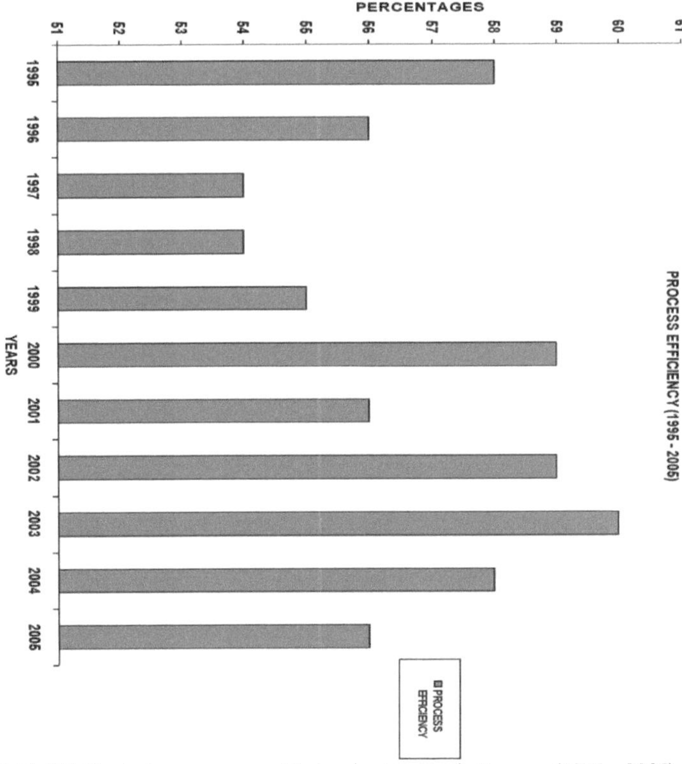

Figura 4.21: Eficiência do processo na fábrica de cimento de Sagamu (1995 - 2005)
Figura 4.22: Análise exergética para a fábrica de cimento de Sagamu (1995 - 2005)

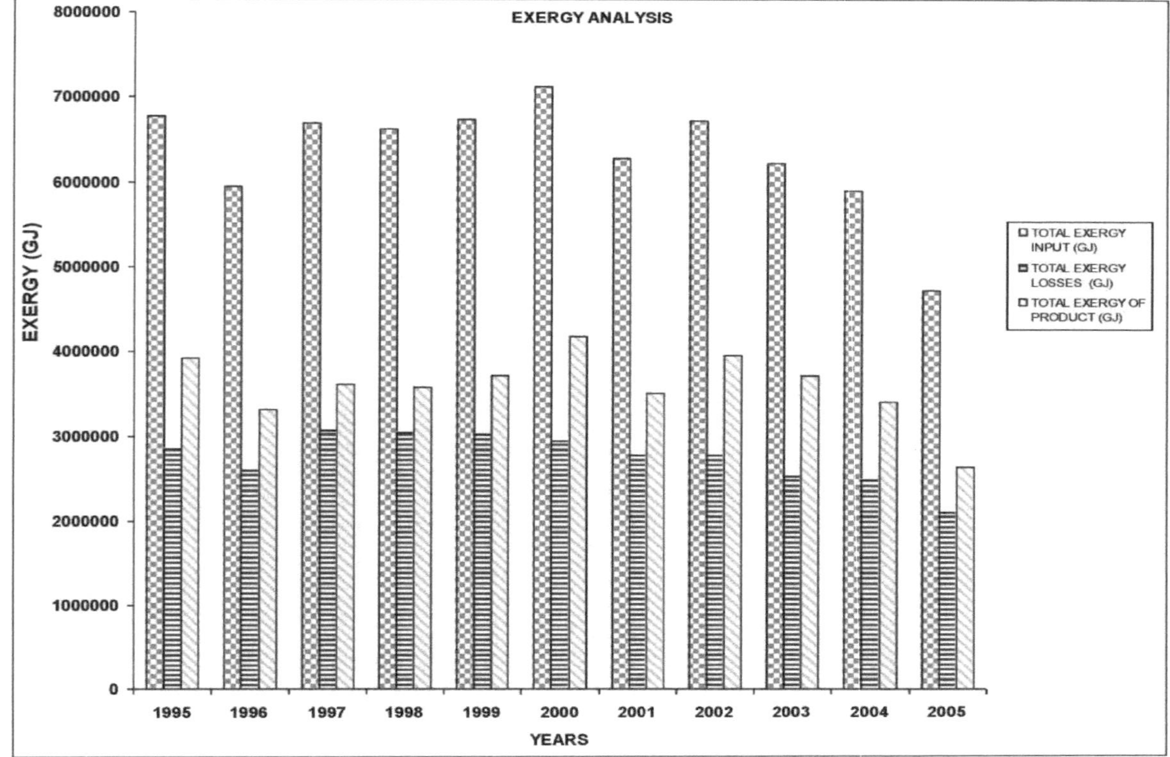

Figura 4.23: Energia específica para a fábrica de cimento de Sagamu (1995 - 2005)

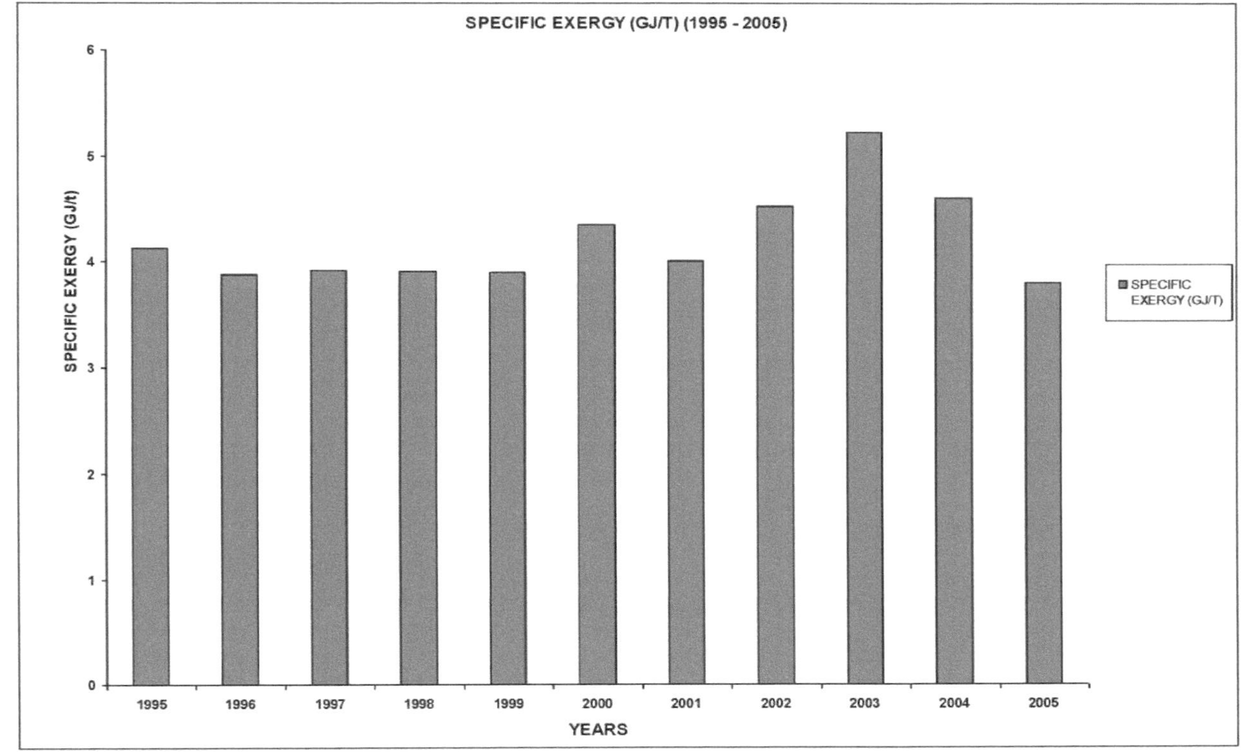

Figura 4.24: Taxas de poluição da fábrica de cimento de Sagamu (1995 - 2005)

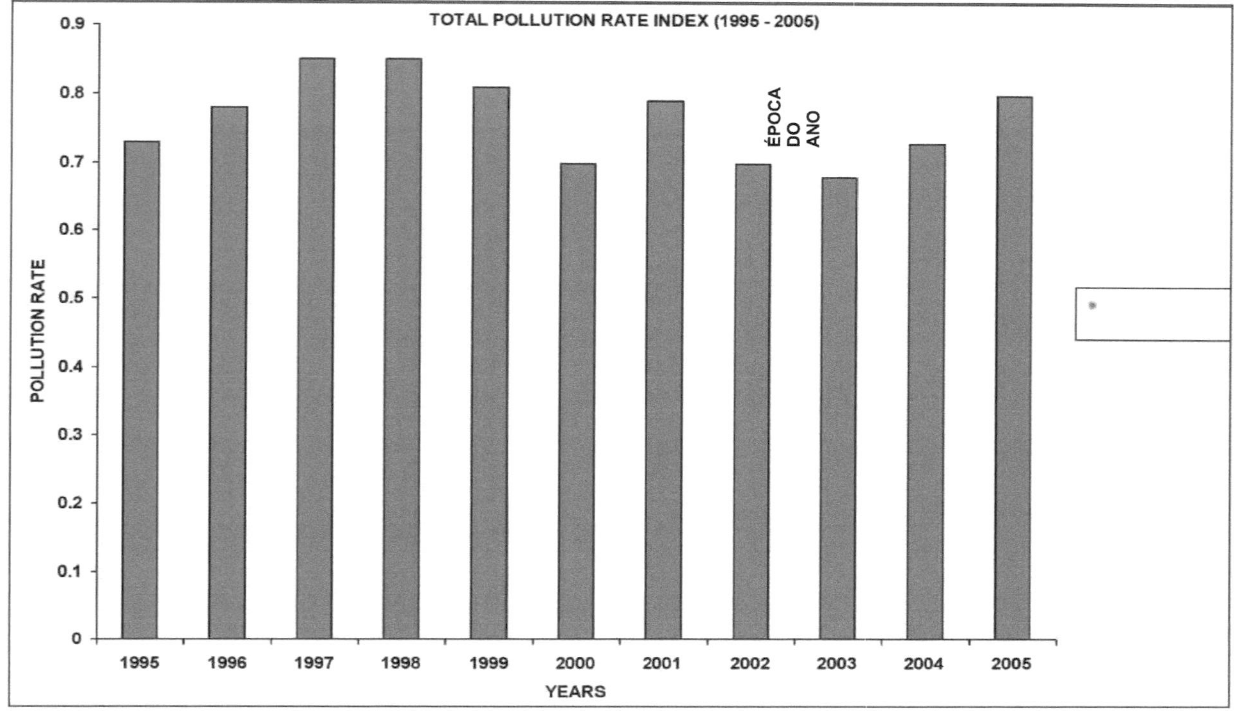

EFICIÊNCIA DOS PROCEDIMENTOS (2000 - 2005)
Figura 4.25: Eficiência do processo na fábrica de cimento de Ashaka (2000 - 2005)

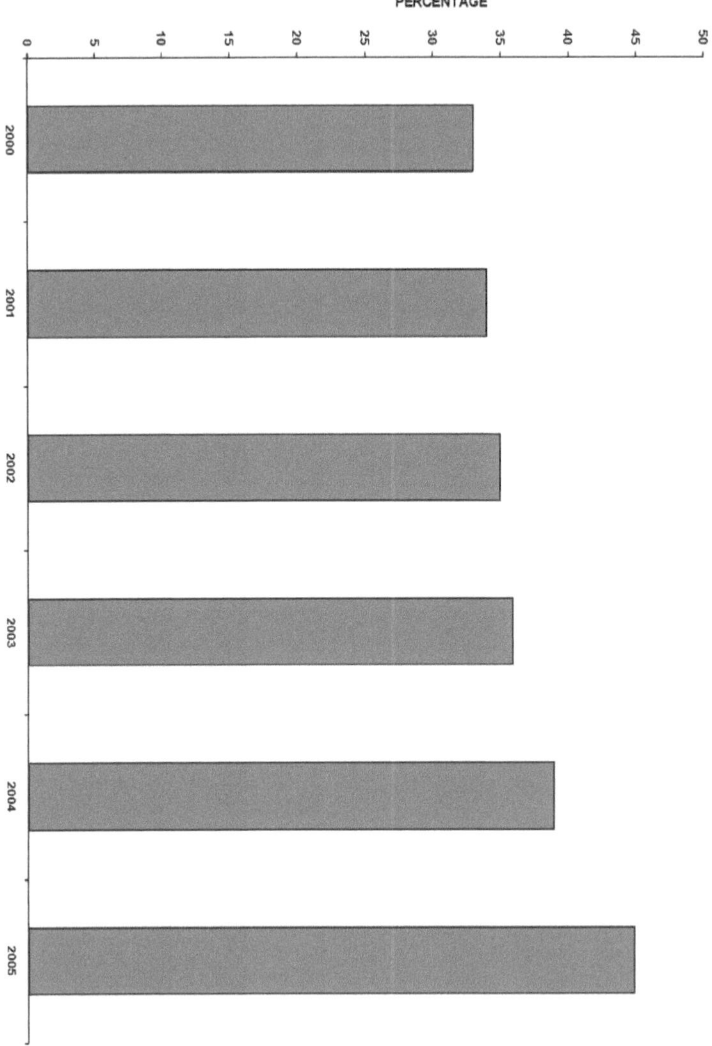

Figura 4.26: Análise exergética para a fábrica de cimento Ashaka (2000 - 2005)

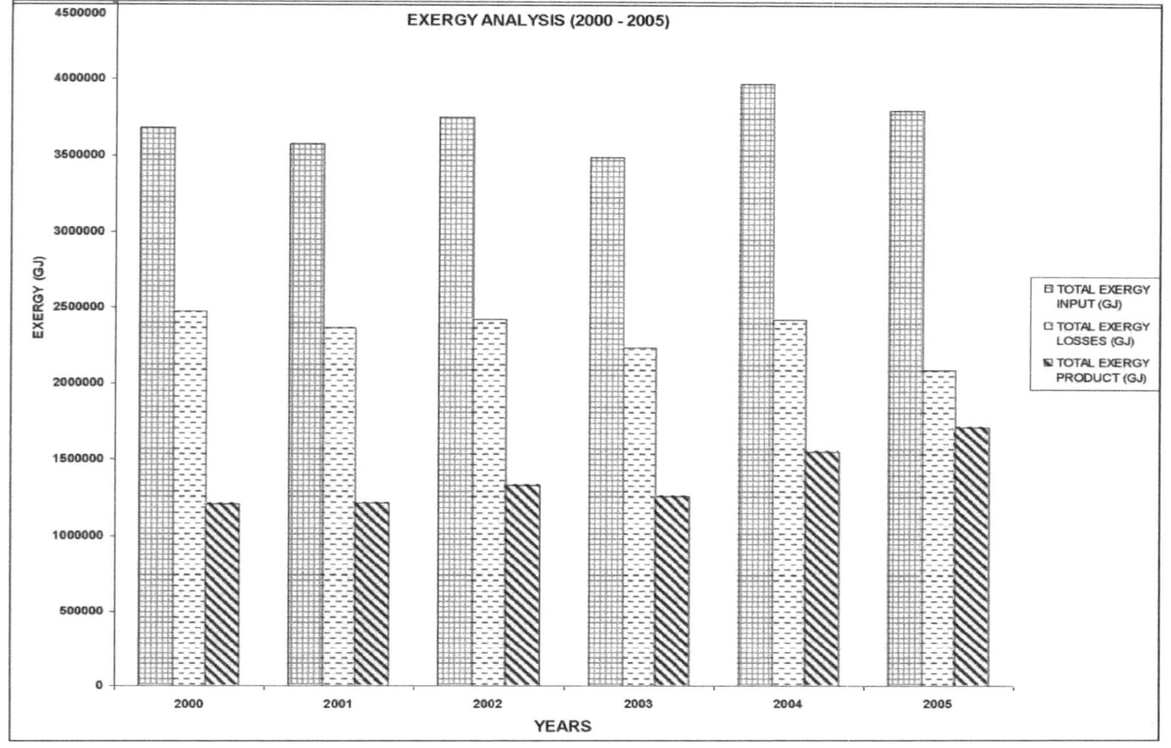

EXERGIA ESPECÍFICA (2000-2005)

146

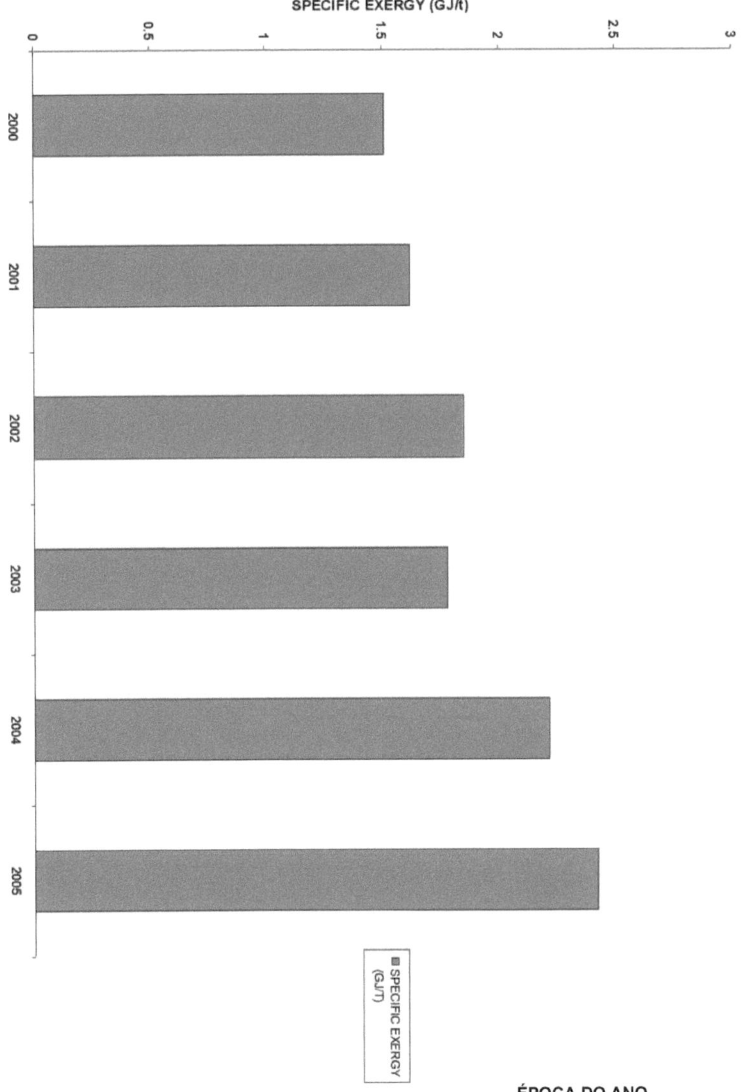

Figura 4.27: Energia específica para a fábrica de cimento Ashaka (2000 - 2005)
Figura 4.28: Taxa de poluição da fábrica de cimento de Ashaka (2000 - 2005)

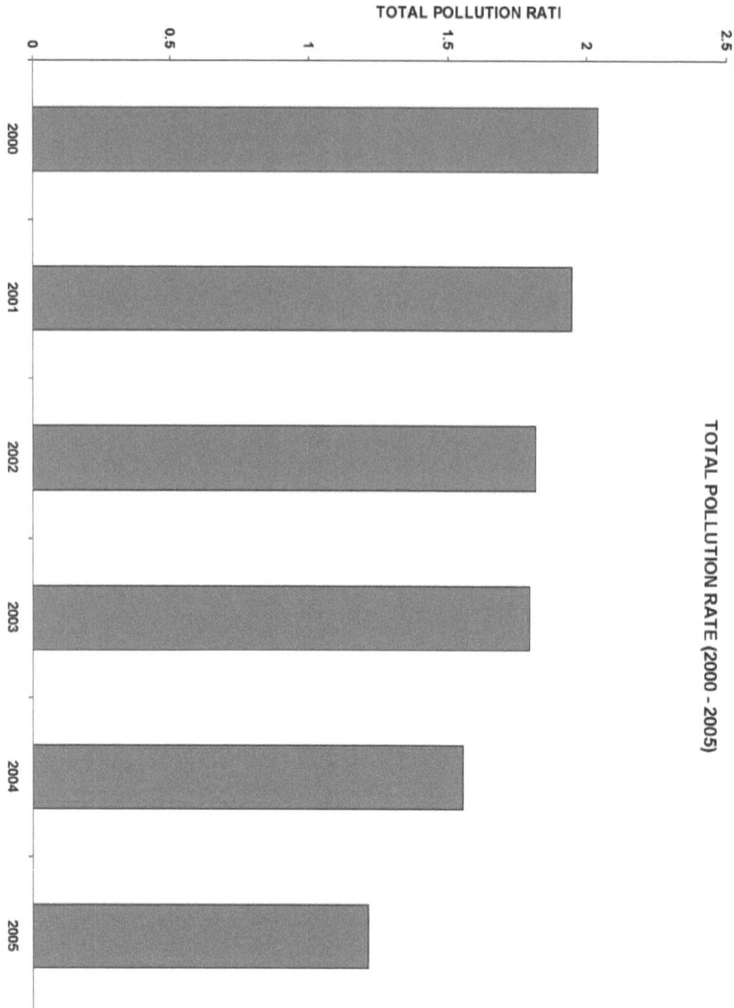

Quadro 4.6: Comparação da eficiência do processo e dos níveis de poluição nas fábricas de cimento de Ashaka e Sagamu (2000 - 2005)

LÁGRIMAS INDICADORAS

	2000	2001	2002	2003	2004	2005
Eficiência do processo (%) - ashaka	33	34	35	36	39	45
Eficiência do processo (%) - sagamu	59	56	59	60	58	56
Grau de poluição - ashaka	2.04	1.95	1.82	1.8	1.56	1.22
Grau de poluição - sagamu	0.7	0.79	0.7	0.68	0.73	0.80

148

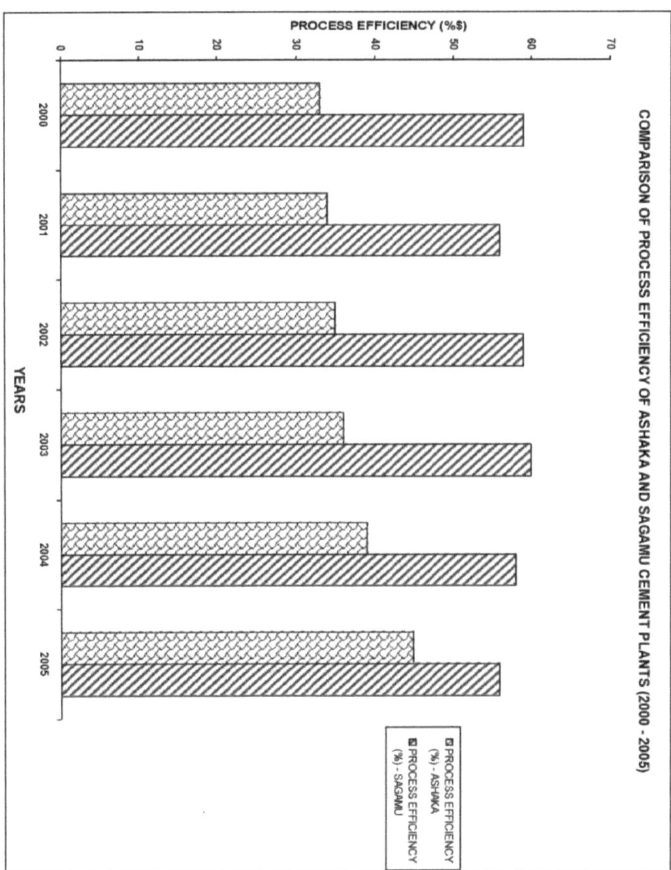

Figura 4.29: Comparação da eficiência do processo nas fábricas de cimento de Ashaka e Sagamu (2000 - 2005)

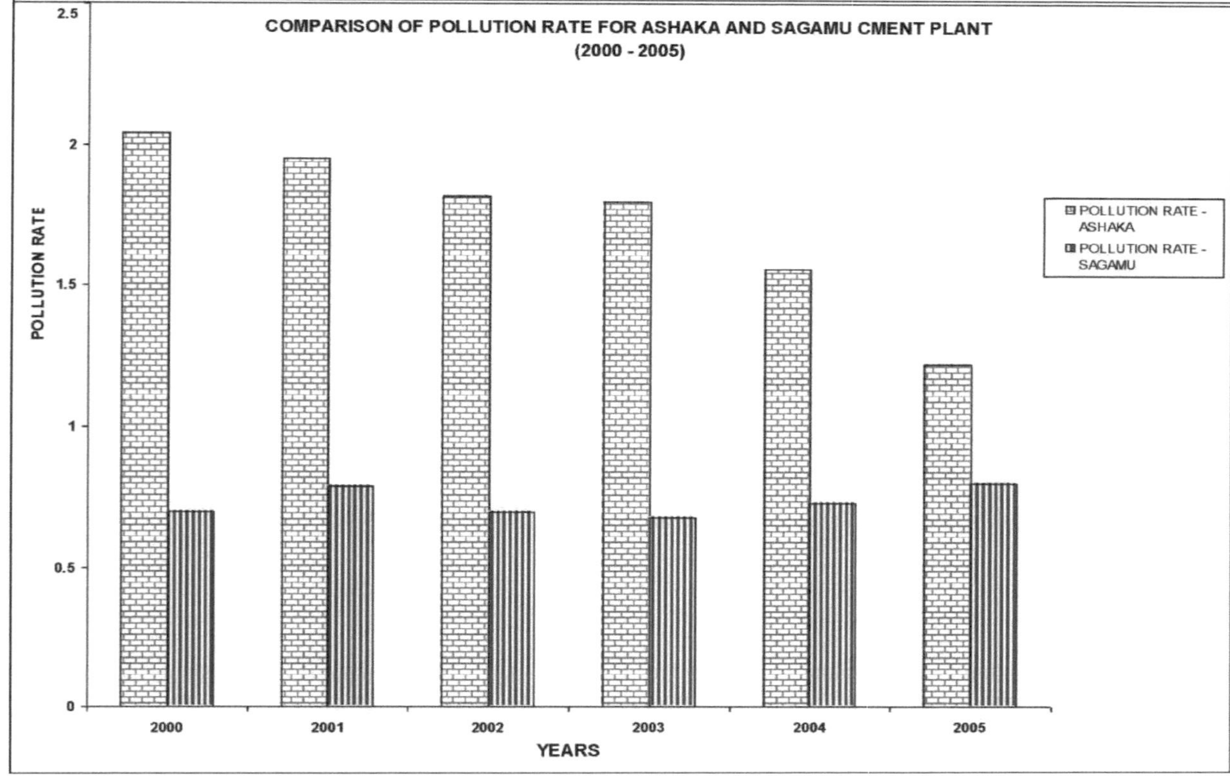

Figura 4.30: Comparação dos níveis de poluição nas fábricas de cimento de Ashaka e Sagamu (2000 - 2005)

4.8 Emissões de monóxido de carbono (IV) (CO_2)

O estudo concluiu que, na fábrica de cimento de Sagamu, as emissões relacionadas com o processo representaram entre 52% e 56% do total de emissões de CO2 comunicadas durante o período estudado, enquanto as emissões relacionadas com a combustão representaram apenas 44% a 49% do total de emissões. Em termos de emissões totais, o período de 1996-1999 foi marcado por um aumento de 16% das emissões totais, enquanto entre 2000 e 2005 se registou um declínio gradual de mais de 30% das emissões totais. Esta redução das emissões de CO2 deve-se principalmente à diminuição do consumo de energia durante este período, que diminuiu mais de 33%, e à diminuição da utilização da capacidade das instalações, que passou de 96% em 2000 para apenas 69% em 2005. A Figura 4.31 ilustra a tendência das emissões totais de CO2, enquanto a Figura 4.32 mostra as emissões totais de CO2 divididas em emissões relacionadas com a combustão e emissões relacionadas com o processo, no período de 1995 a 2005.

A Figura 4.33 mostra a evolução das emissões totais de CO2 da fábrica de cimento de Ashaka para o período estudado, enquanto a Figura 4.34 mostra a evolução das emissões totais de CO2 divididas em duas componentes: emissões relacionadas com o processo e emissões relacionadas com a combustão.

Os Quadros 4.2 e as Figuras 4.33 e 4.34 mostram que as emissões relacionadas com os processos na central da Ashaka representaram mais de 50% das emissões de CO2 registadas no período de estudo. As emissões totais relacionadas com o processo representaram 55-61% das emissões totais, enquanto as emissões relacionadas com a combustão representaram apenas 38-44% das emissões totais.

A central de Ashaka registou as emissões totais mais elevadas em 2000 e 2004, tendo registado as mais baixas em 2005. O aumento das emissões de CO2 deveu-se principalmente ao elevado consumo de energia durante esses anos, bem como à elevada utilização de energia térmica quando a central estava a funcionar em plena capacidade. Valores mais baixos de emissões totais de CO2 foram obtidos nos mesmos anos, quando a fábrica apresentou valores mais baixos de utilização de energia e uma redução drástica na utilização da capacidade, bem como um menor consumo de energia térmica.

O Quadro 4.7 e as Figuras 4.39 (a) - (c) mostram que, em termos brutos, a instalação húmida de Sagamu produziu mais monóxido de carbono (IV) (CO_2) do que a instalação seca de Ashaka. Este facto pode ser explicado pela capacidade de produção das duas instalações: Enquanto a unidade húmida de Sagamu tem uma capacidade de produção de 1 000 000 de toneladas, a unidade seca de Ashaka tem uma capacidade de produção de 700 000 toneladas. É de notar, no entanto, que as emissões de CO2 relacionadas com o processo foram superiores a 50% na fábrica de Sagamu e superiores a 60% na fábrica de Ashaka.

Isto mostra que, quando as fábricas de cimento são capazes de pôr em prática planos e procedimentos para reduzir as emissões de CO2, é possível conseguir uma redução considerável das emissões de gases com efeito de estufa no sector.

CO2 TOTAL
EMISSÕES (Tg CO2)
ÉPOCA DO ANO
Figura 4.31: Emissões totais de CO2 da fábrica de cimento de Sagamu (1995 - 2005)

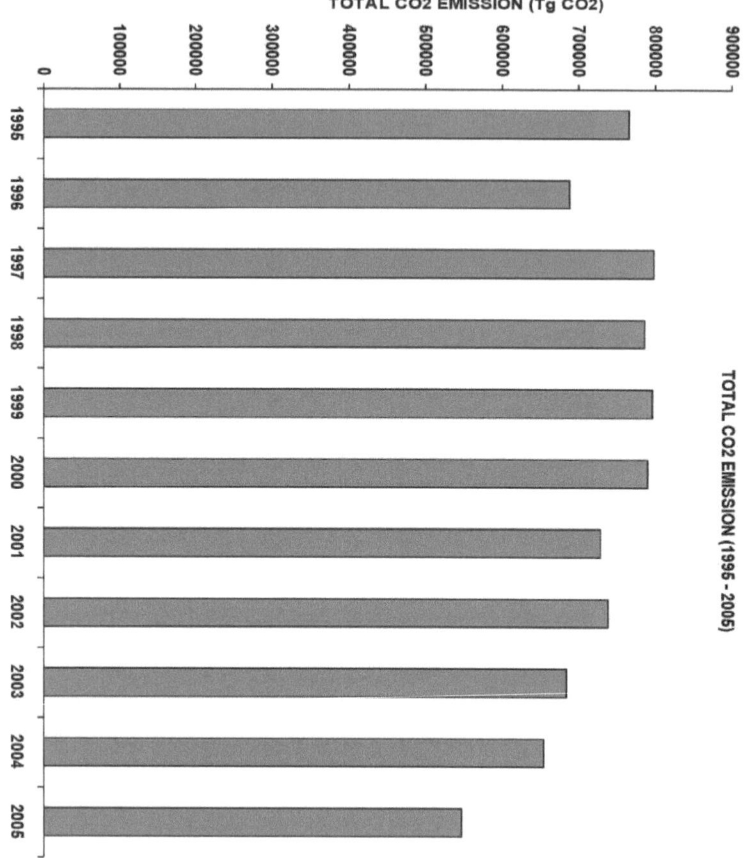

900000
C02-EMISSÕES DIVIDIDAS ENTRE EMISSÕES DE PROCESSO E DE COMBUSTÃO (1995 - 2005)

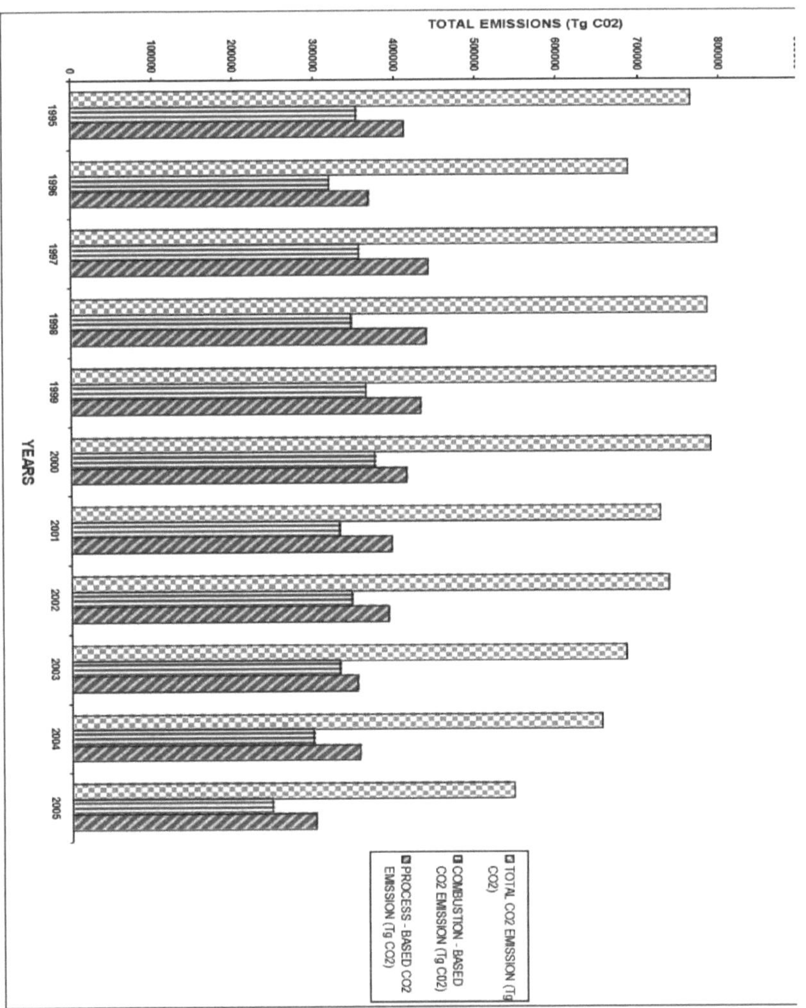

Figura 4.32: Emissões totais de CCF, divididas em emissões de processo e de combustão, para a fábrica de cimento de Sagamu (1995 - 2005)

□ Emissões totais de CO2 (Tg CO2)
ÉPOCA DO ANO
Figura 4. 33: Emissões totais de CO2 da fábrica de cimento de Ashaka (2000 - 2005)

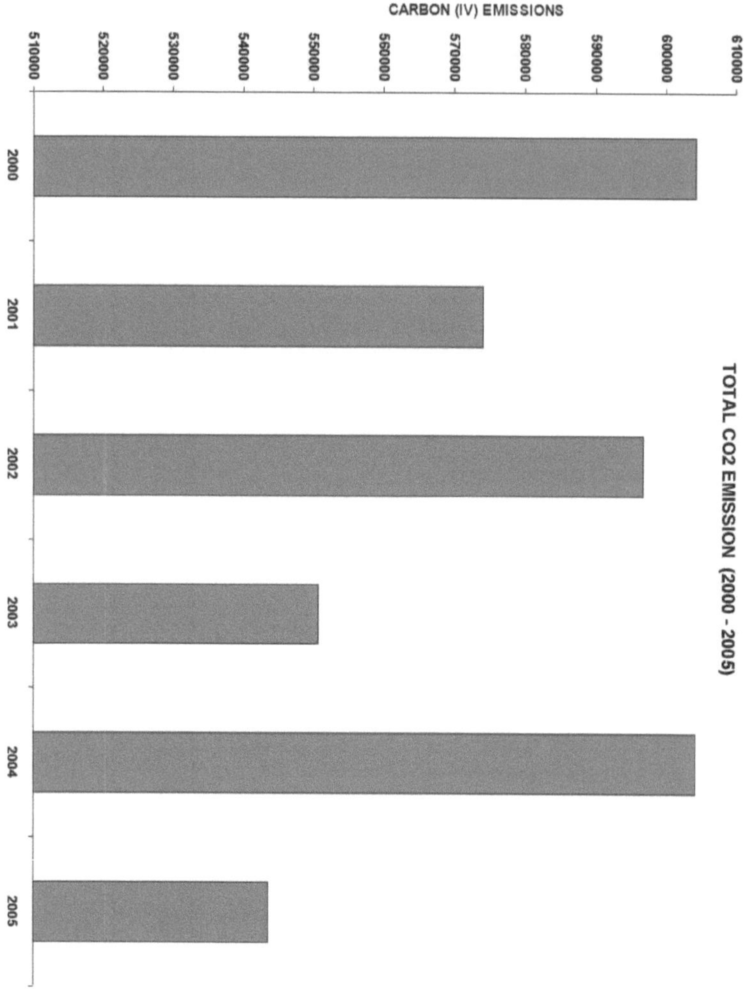

Figura 4. 34: Emissões totais de CO2 divididas entre emissões de processo e de combustão para a fábrica de cimento Ashaka (2000 - 2005)

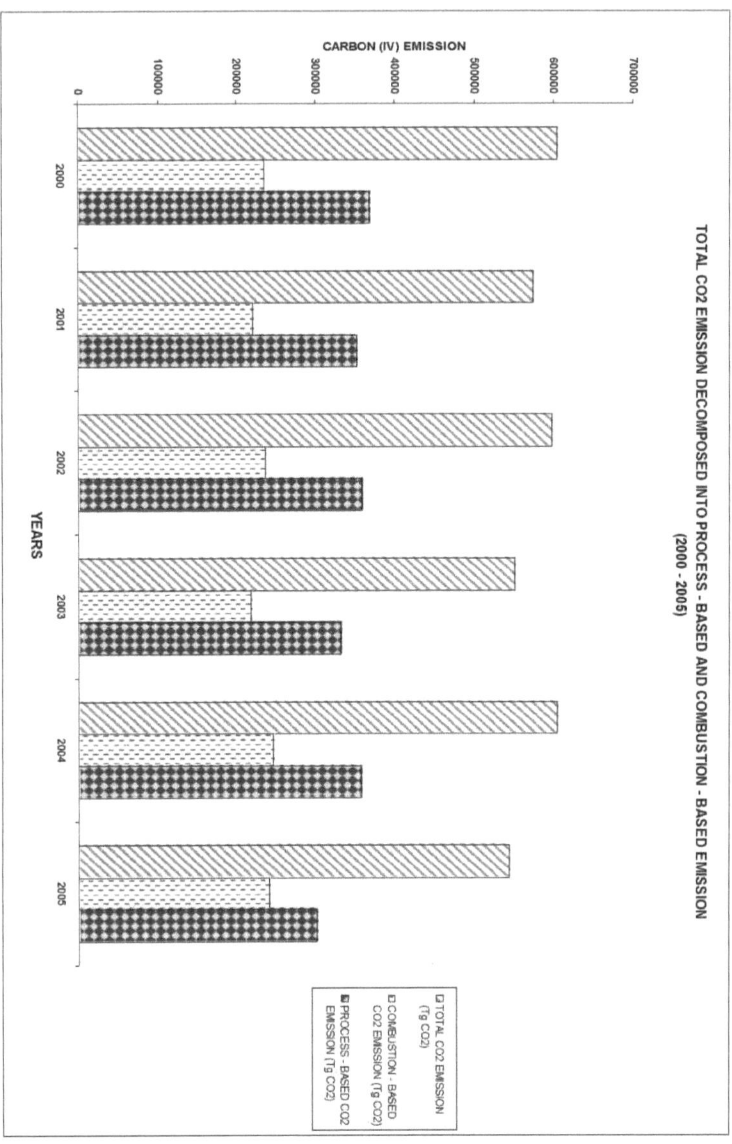

Quadro 4.7: Comparação das emissões de monóxido de carbono (IV) das fábricas de cimento de Ashaka e Sagamu (2000 - 2005)

LÁGRIMAS INDICADORAS

	2000	2001	2002	2003	2004	2005

₂₂Emissões totais de CO (t/g co) - ashaka	604255.27	574104.86	596894	550829.39	604465.58	543658.31
₂₂Emissões totais de CO (t/g co)- sagamu	791225.06	728585.37	739157.27	685629.84	655734.73	548310.89
₂₂Emissões de CO relacionadas com a combustão (t/g co) - ashaka	236041.78	221344.45	237286.53	218882.39	246775.03	241869.38
Percentagem das emissões totais (%) - Ashaka	39.1	38.6	39.8	39.7	40.8	44.5
₂₂Emissões de CO ligadas à combustão (t/g co) - sagamu	376242	331920.59	346551.36	332434.79	299616.36	247007.28
Percentagem das emissões totais (%) - sagamu	47.6	45.6	46.9	48.5	45.7	45.0
₂₂Emissões de CO relacionadas com o processo (t/g co) - ashaka	368213.49	352760.41	359607.47	331947	357690.55	301788.92
Percentagem das emissões totais (%) - Ashaka	60.9	61.4	60.2	60.3	59.2	55.5
₂₂Emissões de CO relacionadas com o processo (t/g co) - sagamu	414983.05	396664.77	392605.91	353195.06	356118.37	301303.61
Percentagem das emissões totais (%) - sagamu	52.4	54.4	53.1	51.5	54.3	55.0

₂Nota: t/g CO = tonelada por grama de dióxido de carbono (IV).

Fig. 4.35 (a): Comparação do monóxido de carbono (IV) para as fábricas de cimento de Ashaka e Sagamu (2000 - 2005)

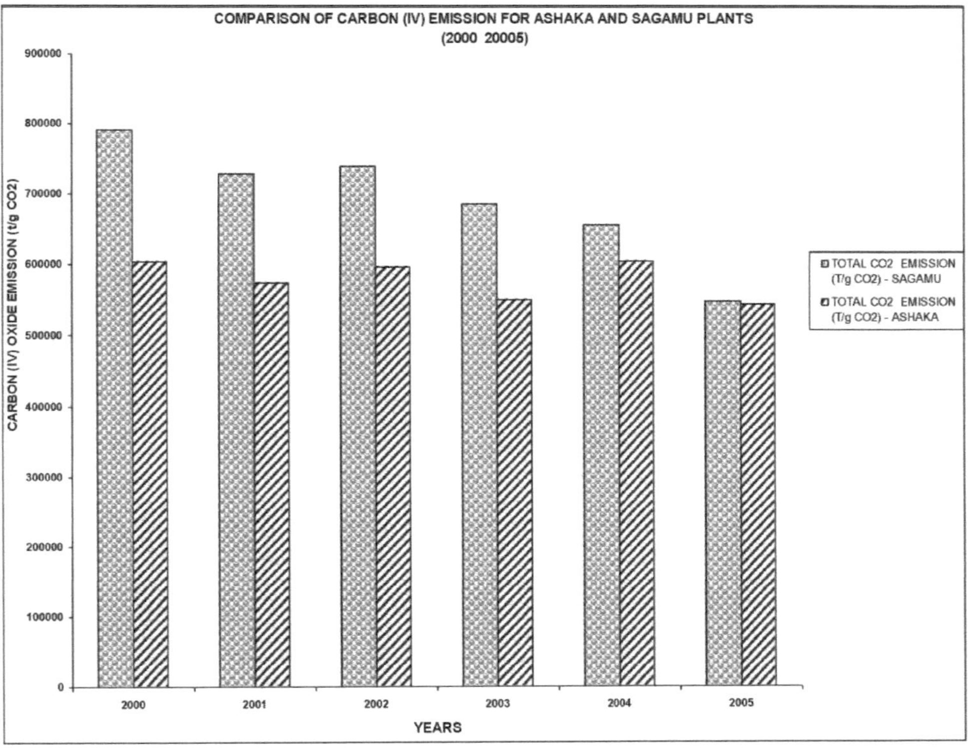

COMPARISON OF CARBON (IV) EMISSION FOR ASHAKA AND SAGAMU PLANTS
(2000 20005)
CARBON (IV) OXIDE EMISSION (t/g CO2)
900000
800000
700000
600000
500000
400000
300000
200000
100000
0
2000
2001
2002
2003
2004
2005
YEARS
TOTAL CO2 EMISSION (T/g CO2) - SAGAMU
TOTAL CO2 EMISSION (T/g CO2) - ASHAKA

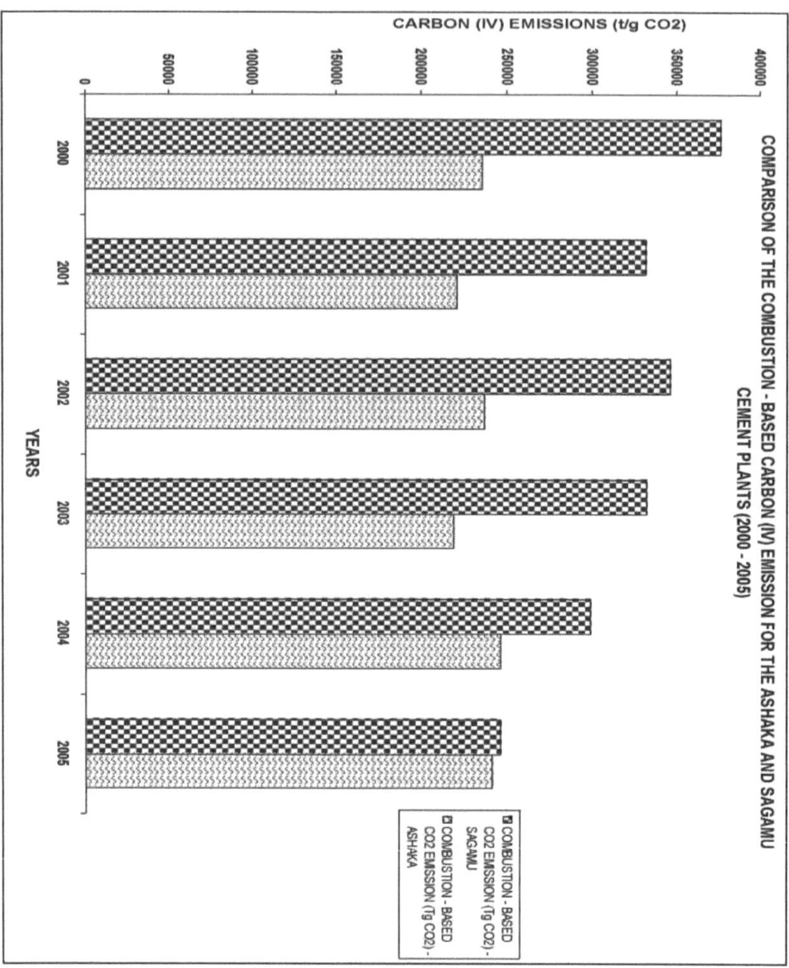

Figura 4.35 (b): Comparação das emissões de carbono relacionadas com a combustão (IV) para as fábricas de cimento de Ashaka e Sagamu (2000 - 2005)

Figura 4.35 (c): Comparação das emissões de carbono (IV) relacionadas com o processo para as fábricas de cimento de Ashaka e Sagamu (2000 - 2005)

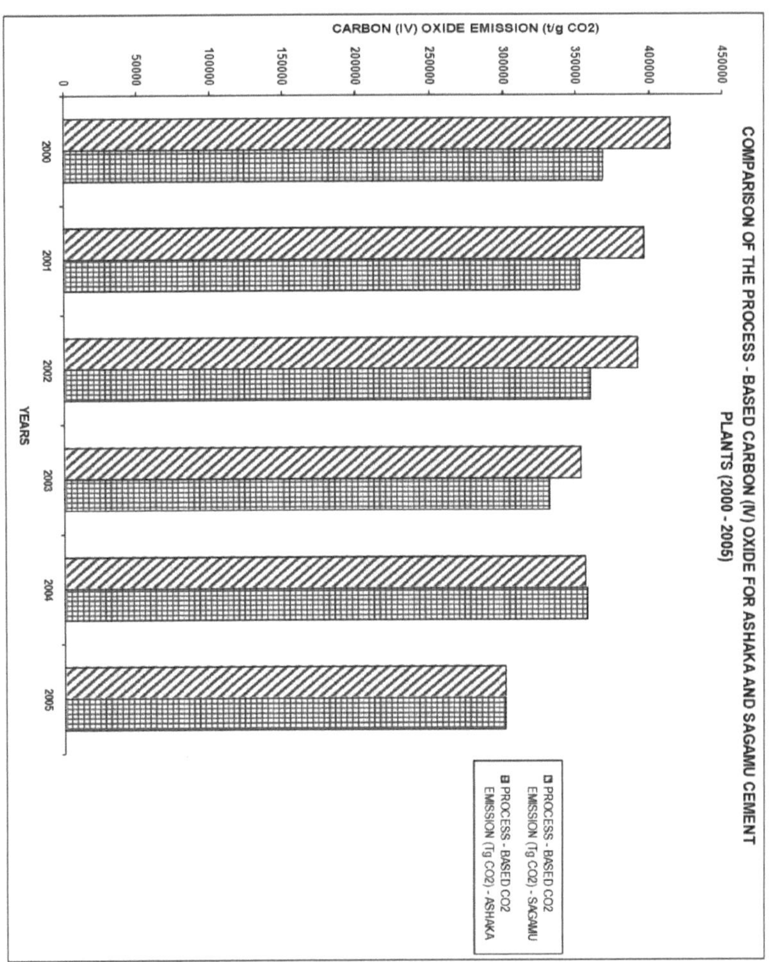

4.9 Custos de energia de produção

O estudo revelou que, para a fábrica de cimento de Sagamu, o custo total de energia da produção aumentou 6%, de N411,8 milhões em 1995 para cerca de N437,4 milhões em 1997; durante o período 1997-1998, o custo de energia da produção continuou a aumentar mais de 82%, de N437,4 milhões para N800,3 milhões, embora o consumo total de energia da fábrica tenha diminuído 2,5% entre 1997 e 1998. O estudo revelou que este aumento dos custos energéticos de produção se deveu a um aumento de 82% do preço dos produtos petrolíferos no país entre 1997 e 1998. Do mesmo modo, os custos de energia por tonelada na fábrica de

Sagamu aumentaram de 483,93 milhares de euros em 1995 para 486,71 milhares de euros em 1997 e 880,50 milhares de euros em 1998.

No período 1998-2000, num contexto de estabilidade contínua dos preços do petróleo e de um aumento de 7,7% do consumo total de energia, o custo total da energia para a produção na fábrica de Sagamu aumentou 19,5%, de 800,3 milhões de euros em 1998 para 957,02 milhões de euros em 2000; o custo da energia por tonelada também aumentou 17%, de 880,50 mil euros em 1998 para 1038,18 mil euros em 2000.

Em 2001, o preço dos produtos petrolíferos registou um aumento acentuado de cerca de 100%, o que teve um impacto negativo nas operações da fábrica de cimento e fez aumentar o custo total da energia, bem como o custo da energia por tonelada. Entre 2000 e 2001, o custo total da energia aumentou mais de 360%, passando de 957,02 milhões de euros para 4,44 mil milhões de euros, apesar de a utilização da capacidade ter passado de 96,1% para 87,7% e de o consumo total de energia ter diminuído 11,5%. Durante o mesmo período, os custos energéticos de produção aumentaram mais de 400%, passando de 1 038. 18 em 2000 para 5.667,81 em 2001.

Em 2002, com uma taxa de utilização inferior em 0,1% à do ano anterior e um aumento de 4,85% no consumo total de energia, o custo total de energia na fábrica de Sagamu continuou a aumentar, passando de N4 440 mil milhões para N4 549 mil milhões, um aumento de 2,45%, enquanto o custo de energia por tonelada aumentou 9,4%, passando de N5 677,81 mil para N6 209,88 mil.

Durante o período 2002-2005, os custos totais de energia na fábrica de Sagamu diminuíram 22%, de N4 549 milhões para N3 552 milhões, principalmente devido a uma diminuição do consumo total de energia de aproximadamente 28% e a uma diminuição da taxa de utilização de aproximadamente 18,3%. No entanto, os custos de energia por tonelada continuaram a aumentar, tendo aumentado 8% no período 2002-2004, de N6 209,88 para N6 701,42, enquanto os custos de energia por tonelada diminuíram 19% em 2005, para N5 411,75.

A Figura 4.36 mostra a evolução do custo total de energia na fábrica de Sagamu, enquanto a Figura 4.37 mostra o custo unitário de energia para a produção no período de 1995 a 2005.

O estudo mostrou que o aumento do preço dos produtos petrolíferos teve um impacto negativo no funcionamento da fábrica de cimento de Sagamu, uma vez que conduziu a um aumento exponencial do custo total da energia e do custo unitário da energia de produção por tonelada. O custo total da energia e o custo unitário da energia para a produção na fábrica de Ashaka são apresentados nas figuras 4.38 e 4.39. Os números e o quadro 4.2 mostram que o custo total da energia para a produção na fábrica de Ashaka aumentou 890%, passando de 231,7 milhões de euros em 2000 para cerca de 2309,2 milhões de euros em 2001. Este aumento acentuado do custo total da energia deveu-se ao aumento de quase 100% do preço dos produtos petrolíferos durante o ano. Do mesmo modo, durante o período 2000-2001, os custos de energia por unidade de produção na fábrica de Ashaka aumentaram de 331,09 mil euros em 2000 para 3 403,55 mil euros em 2001. Estes aumentos ocorreram apesar de uma redução da capacidade útil e do consumo total de energia de 7% e 5%, respetivamente.

Contudo, em 2002, uma nova redução na utilização da capacidade de aproximadamente 5% e um ligeiro aumento de 5% no consumo total de energia na fábrica de cimento de Ashaka resultaram numa redução de 11% nos custos totais de energia, de N2,31 mil milhões para N2,063 mil milhões, e numa redução de 11,3% nos custos de energia por unidade de produção, de N3.403,55 mil para N3.019,95 mil. Esta redução deveu-se principalmente a uma diminuição de 2,2% no consumo total de eletricidade. A redução dos custos totais de energia continuou em 2003, com uma redução adicional de 2% na capacidade utilizável e uma redução de 7,4% no consumo total de energia, em comparação com 2002. Em 2003, os custos totais de energia na fábrica de Ashaka ascenderam a N2,021 mil milhões, em comparação com N2,063 mil milhões em 2002; no entanto, os custos de energia por unidade de produção aumentaram ligeiramente em 4,8%, de N3.019,95 mil em 2002 para N3.164,24 mil em 2003, devido a uma diminuição de 3% na produção de cimento, de 719.870 toneladas em 2002 para 700.461 toneladas em 2003.

Em 2004, a situação alterou-se, uma vez que o custo total da energia aumentou 11%, passando de 2 021 milhões de euros em 2003 para 2 239 milhões de euros em 2004. Este aumento deveu-se a um ligeiro aumento dos produtos petrolíferos e a um aumento de 13% do consumo total de energia. Os custos de energia por unidade de produção também aumentaram 6%, de N3 164,24 em 2003 para N3 339,48 em 2004. Este aumento deveu-se principalmente ao aumento do consumo total de energia, embora a produção tenha diminuído 1,5% entre 2003 e 2004; em 2004, a produção total de cimento foi de 699.448 toneladas, em comparação com 700.461 toneladas em 2003.

No entanto, em 2005, quando os preços do petróleo voltaram a subir de forma acentuada, os custos totais de energia na fábrica de Ashaka diminuíram 4%, de N2.239 milhões em 2004 para N2.154 milhões em 2005, devido a uma queda de 3% no consumo total de energia e a uma diminuição de 0,7% no consumo de eletricidade, em comparação com 2004. Os custos de energia por unidade de produção também diminuíram 8,5%, de N3.339,48 mil em 2004 para N3.054,68 mil em 2005, devido à diminuição do consumo total de energia e ao ligeiro aumento da produção total de cimento, de 699.448 toneladas em 2004 para 705.317 toneladas em 2005.

O período estudado, de 2000 a 2005, mostra claramente que o aumento do preço dos produtos petrolíferos teve um impacto negativo no custo total da energia e nos custos energéticos individuais de produção na fábrica de cimento de Ashaka.

O Quadro 4.8 mostra uma comparação dos custos de energia por unidade de produção para a fábrica de processo seco de Ashaka e a fábrica de processo húmido de Sagamu para o período 2000-2005, enquanto a Figura 4.40 mostra uma comparação gráfica dos custos totais de energia da produção nas duas fábricas.

O quadro 4.8 e a figura 4.40 mostram claramente que a produção a seco é muito mais barata do que a produção a húmido. Os custos energéticos da produção na unidade seca de Ashaka foram consistentemente inferiores aos da unidade húmida de Sagamu. Em 2000, o custo da energia por unidade de produção na unidade de Ashaka foi de 331,09 mil N, enquanto o custo da energia na unidade de Sagamu foi de 1031,18 mil N, uma diferença de 68%. Em 2005, a diferença nos custos de energia por unidade foi de 31%, com as instalações de Ashaka e Sagamu a terem custos de energia por unidade de N3752,13k e N5411,75k, respetivamente.

Figura 4.36: Custos totais de produção de energia na fábrica de cimento de Sagamu (1995 - 2005)

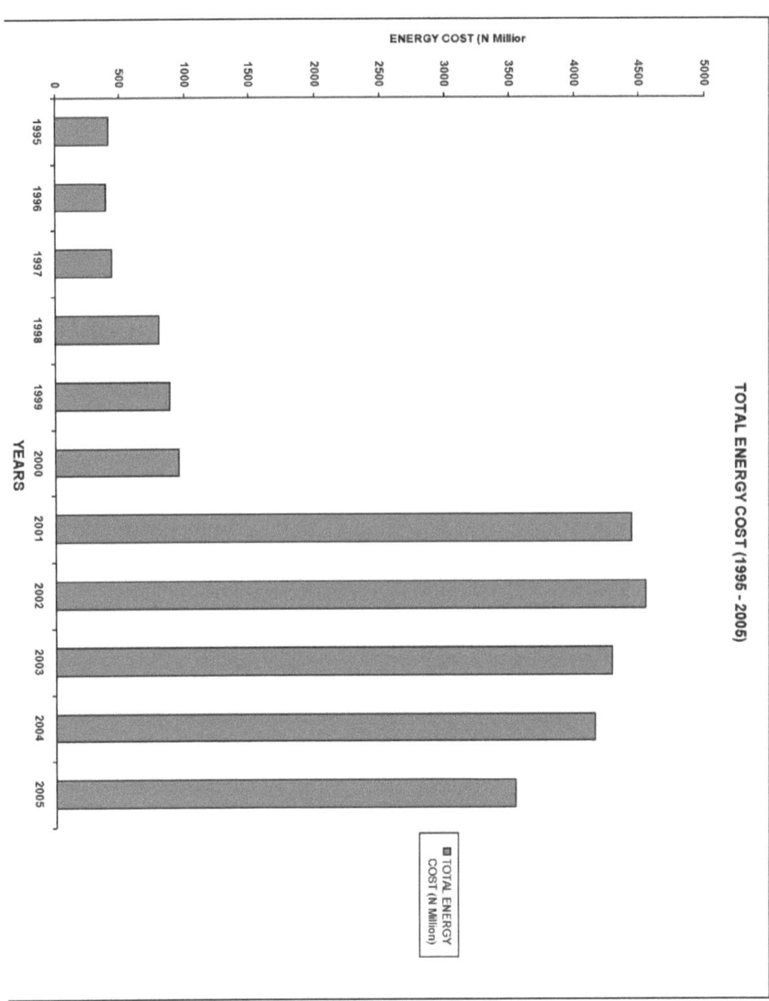

Figura 4.37: Custos de produção de energia por unidade para a fábrica de cimento de Sagamu (1995 - 2005)
163

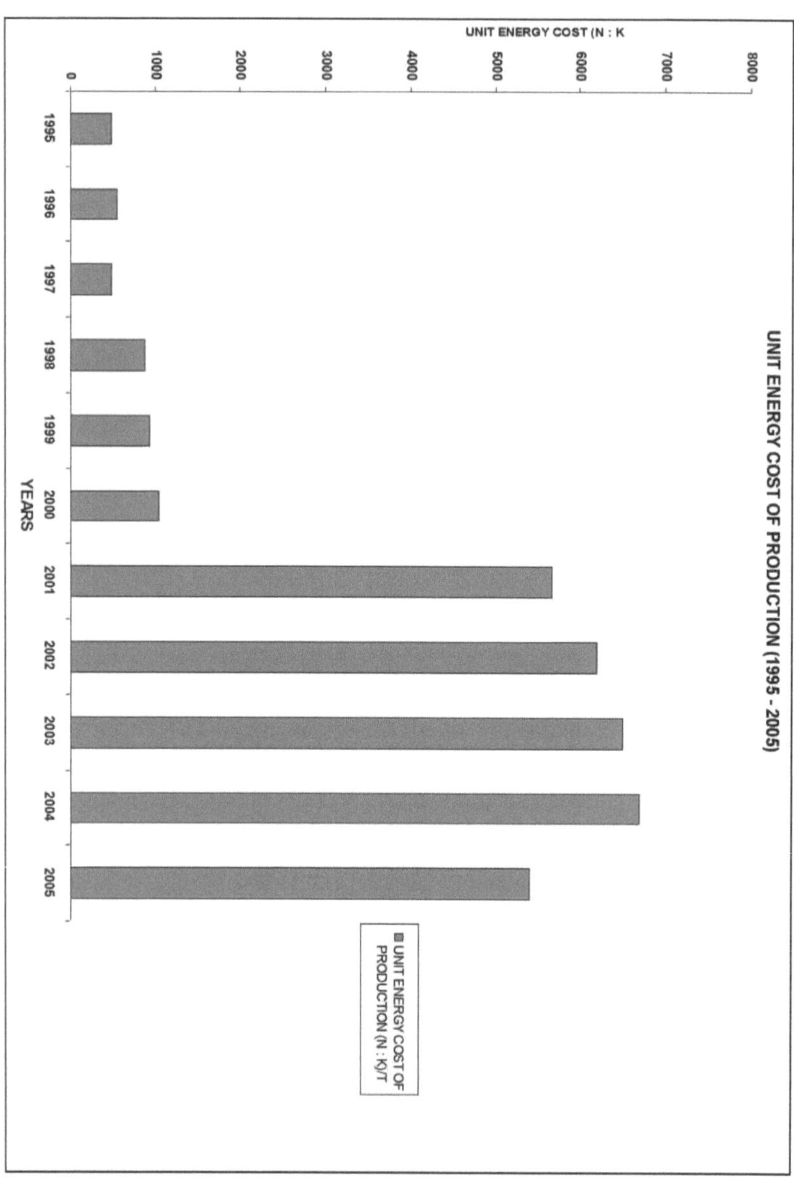

7Figura 4.38: Custo total de produção de energia para a fábrica de cimento Ashaka (2000 - 2005)
164

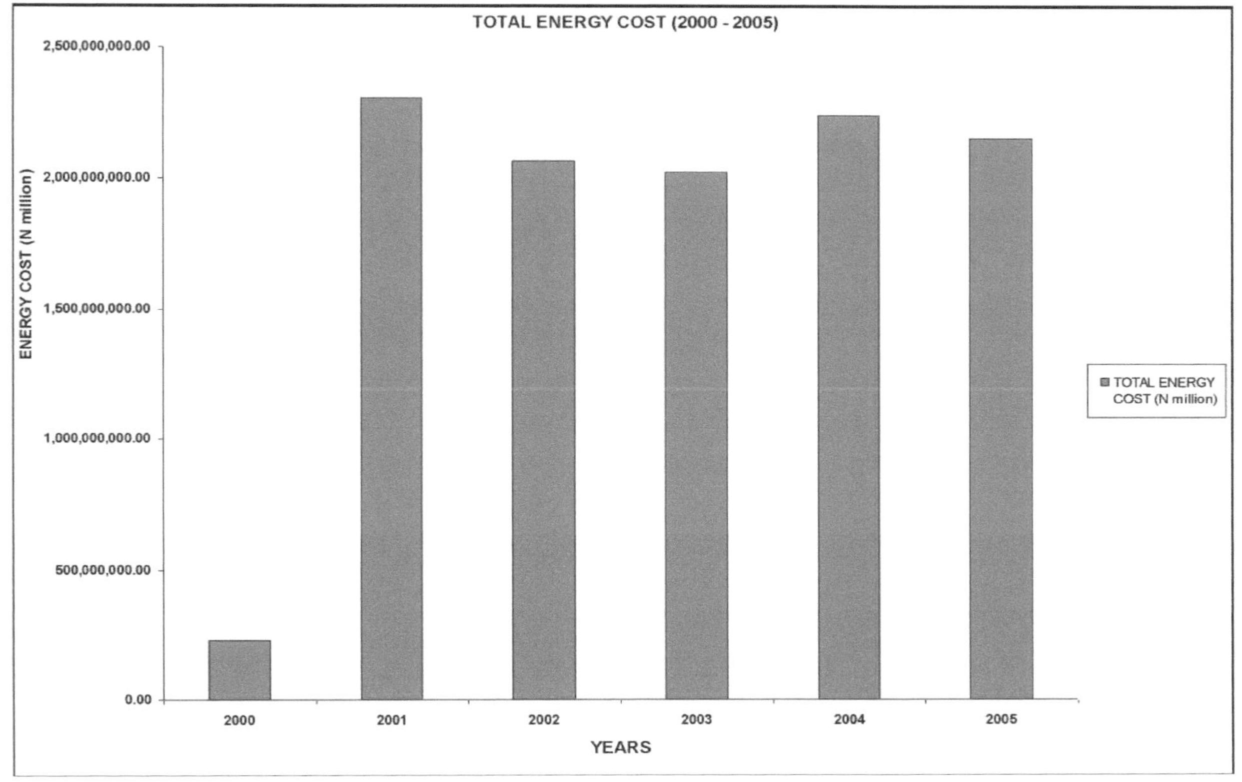

CUSTOS DE PRODUÇÃO DE ENERGIA (N:K)/T
Figura 4.39: Custos de produção de energia por unidade para a fábrica de cimento Ashaka (2000 - 2005)

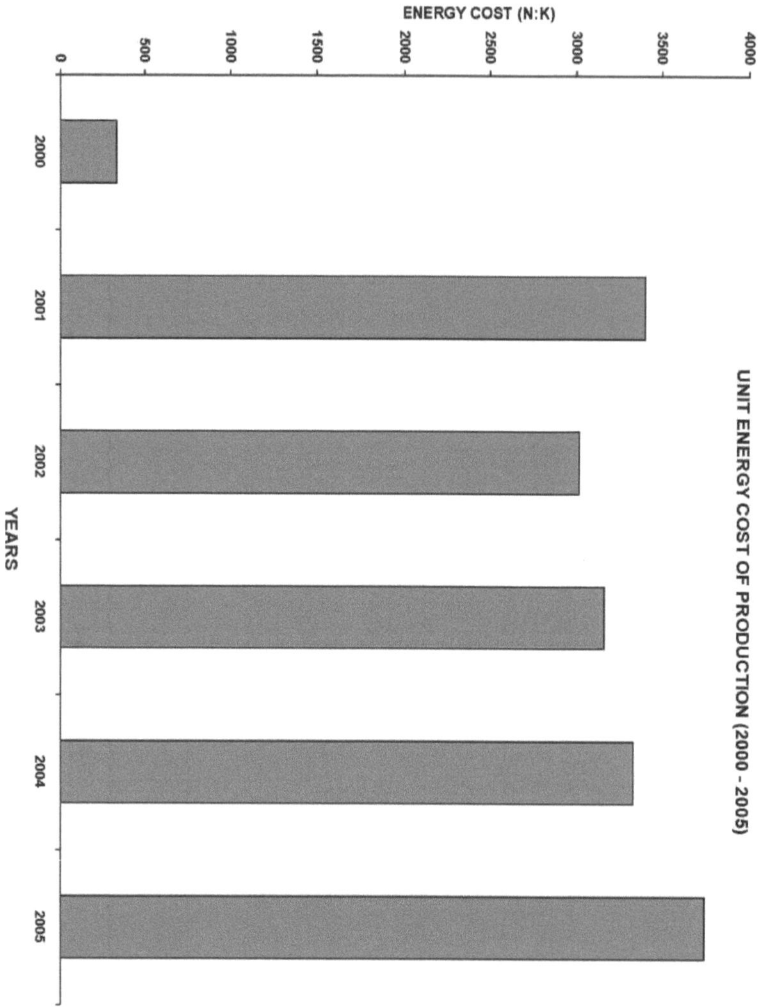

Quadro 4.8: Comparação dos custos de energia por unidade de produção para as fábricas de cimento de Ashaka e Sagamu (2000 - 2005)
LÁGRIMAS   INDICADORAS

	2000	2001	2002	2003	2004	2005
Custo energético da produção (n : k) - ashaka	331 : 09	3403 : 55	3019 : 95	3164 : 24	3339 : 48	3752 : 13
Custo energético da produção (n : k) - sagamu	1031 : 18	5677 : 81	6209 : 88	6512 : 79	6701 : 42	5411 : 75

COMPARAÇÃO DOS CUSTOS DE PRODUÇÃO DE ENERGIA NAS FÁBRICAS DE CIMENTO DE SAGAMU E ASHAKA (
2000 - 2006)

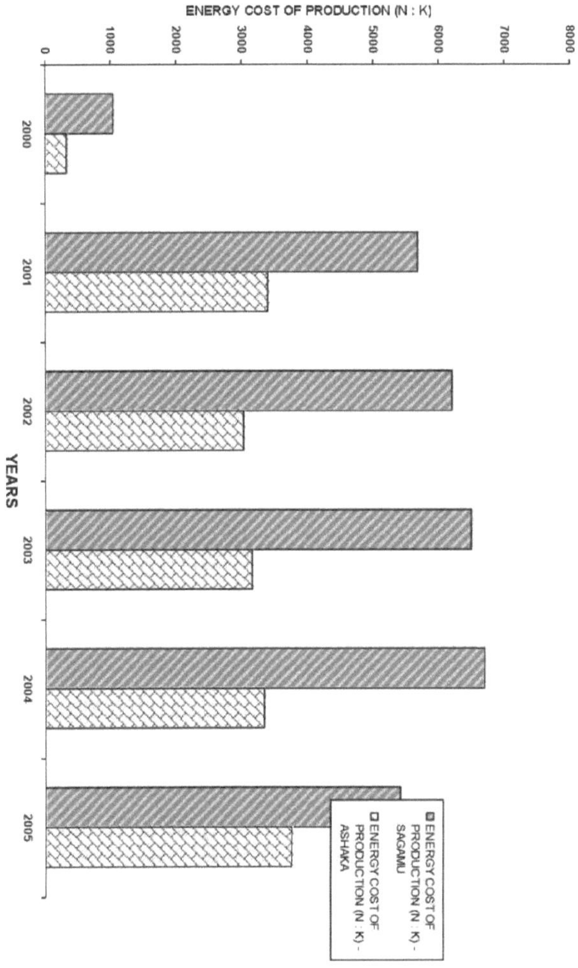

Figura 4.40: Comparação dos custos de produção de energia para as fábricas de cimento de Ashaka e Sagamu (2000 - 2005)

4.0 PERSPECTIVAS INTERNACIONAIS

4.10.1   A Nigéria e as melhores práticas internacionais

A nível mundial, a produção de cimento é responsável por dois terços do total de energia consumida na produção de minerais não metálicos. A produção mundial de cimento aumentou de 594 toneladas métricas em 1970 para 2.284 toneladas métricas em 2005, tendo a maior parte do crescimento ocorrido nos países em desenvolvimento, particularmente na China (Taylor et al., 2006). Em 2005, a China produziu 1.064 toneladas de cimento (47% da produção mundial de cimento), enquanto a Índia, a Tailândia, o Brasil, a Turquia, a Indonésia, o Irão, o Egipto, o Vietname e a Arábia Saudita produziram mais 394 toneladas (17% da produção mundial de cimento). O Quadro 4.9 mostra a produção mundial de cimento em 2005.

Em termos de procura de cimento, desde a década de 1970 que quase todo o crescimento da procura de cimento provém dos países em desenvolvimento, com a procura de cimento na China a explodir entre 1998 e 2004, representando cerca de dois terços do crescimento global do cimento.

Nesta secção, o estudo analisa as tendências dos principais processos de produção de cimento e as iniciativas tecnológicas que influenciaram a redução da intensidade energética e das emissões de carbono nos principais países produtores de cimento do mundo, e compara estes desenvolvimentos com os observados no terreno, a fim de propor métodos e programas de eficiência energética para melhorar a indústria do cimento na Nigéria.

4.10.2   Tecnologia e consumo de energia na produção de cimento.

A tecnologia utilizada na indústria do cimento nos países em desenvolvimento (especialmente na China) difere da utilizada nos países industrializados. Enquanto os pequenos fornos verticais predominam na China, os grandes fornos rotativos são os mais comuns nos países industrializados. Os fornos grandes são muito mais eficientes do ponto de vista energético. Do mesmo modo, o processo de fabrico mais comum para o clínquer de cimento Portland é o processo seco, relativamente eficiente em termos energéticos, que está a substituir gradualmente o processo húmido. Nas últimas décadas, a tecnologia de pré-calcinação foi também introduzida como uma medida de poupança de energia, com o pré-aquecimento a ajudar também a reduzir as necessidades energéticas dos fornos.

A Tabela 4.10 mostra as actuais tecnologias de cimento e a mistura de combustíveis por região. Pode ver-se neste quadro que, tendo em conta os novos investimentos e desenvolvimentos, os novos desenvolvimentos na indústria do cimento na Nigéria centrar-se-ão na utilização da tecnologia mais eficiente de processamento a seco com pré-aquecedor e pré-calcinador.

A Tabela 4.10 também mostra que a fonte de energia mais comum para a produção de cimento é o carvão, um recurso mineral abundante que está largamente inexplorado na Nigéria. É importante compreender que a utilização do carvão como fonte de energia para a indústria cimenteira a nível mundial se baseia na sua disponibilidade nos países que o utilizam, e não na sua eficiência e impacto ambiental. É por isso que um país como a Rússia, que tem uma abundância de gás natural, o utiliza extensivamente na sua indústria cimenteira (68% da energia total utilizada), como mostra a Tabela 4.10. O gás natural é um elemento essencial na indústria do cimento.

Com base neste princípio e nos esforços agressivos do governo nigeriano para reduzir a queima de gás até 2008, bem como na rede nacional de gasodutos em construção que, como explicado na secção 2.5.2, facilitará o fornecimento de gás natural a todas as partes do país, é muito provável que o gás natural continue a desempenhar um papel importante no desenvolvimento da indústria do cimento na Nigéria durante muito tempo (Kupolokun, 2006).

Neste contexto, vale a pena mencionar que a fábrica de cimento de Obajana, recentemente colocada em funcionamento, tem um gasoduto de 90 km e utiliza gás natural para fazer funcionar os fornos e alimentar as três turbinas a gás de 45 MW que fornecem eletricidade à fábrica com uma capacidade de 5 milhões de toneladas.

4.10.3   **Consumo de energia na produção de cimento**

O consumo teórico de energia para a produção de cimento, independentemente do tipo de processo, pode ser calculado com base na entalpia de formação de 1 kg de cimento Portland, que é de aproximadamente 1,76 MJ (Worrel et al., 1997). Na prática, o consumo de energia é mais elevado. O forno é o principal consumidor de energia no processo de fabrico do cimento. O consumo de energia no forno depende principalmente do teor de humidade da farinha crua, enquanto a eletricidade é utilizada principalmente para moer as matérias-primas e o cimento acabado.

A melhor tecnologia com consumo específico de energia é calculada com base num forno de secagem com um pré-aquecedor de quatro fases e é estimada em 3,06 GJ/tonelada de clínquer, enquanto um forno húmido deve consumir entre 5,3 e 7,1 GJ/tonelada (Worrel et al, 1995; Vleuten, 1994; WBCSD, 2002). O consumo típico de combustível para um forno de secagem equipado com um pré-aquecedor de quatro ou cinco fases pode variar entre 3,2 e 3,5 GJ/tonelada de clínquer (COWIconsult et al, 1993). Um forno equipado com um pré-aquecedor de seis fases pode teoricamente

consomem apenas 2,9 a 3,0 GJ/tonelada de clínquer (Vleuten, 1994). Os fornos mais eficientes, equipados com um pré-aquecedor e um calcinador, consomem cerca de 2,9 GJ/tonelada (Somani et al, 1997; Su, 1997; Steuch e Riley, 1993).

Na União Europeia, o consumo médio de energia por tonelada de cimento Portland é atualmente de 3,7 GJ/tonelada. A China, o Canadá e os Estados Unidos da América (EUA) necessitam todos de cerca de 5,0 GJ/tonelada de clínquer. Para a maioria dos outros países, o intervalo atual situa-se entre 3,15 GJ/tonelada e 3,65 GJ/tonelada de clínquer (Taylor et al., 2006).

Se compararmos o consumo específico de energia da melhor tecnologia com o consumo de energia nas fábricas de cimento nigerianas, a Tabela 4.11 mostra que é possível uma poupança de energia superior a 50% em ambas as fábricas.

Estas poupanças de energia podem ser alcançadas através das seguintes medidas, entre outras:

(1) Aumento da utilização de aditivos,

(2) Aplicação do método seco em vez do método húmido,

(3) introdução de medidas de eficiência energética (por exemplo, redução das perdas de calor, utilização de calor residual em recuperadores, pré-aquecedores e utilização de resíduos como combustível); e

(4) Utilização de produtos residuais, como escórias de alto-forno e cinzas volantes, na produção de cimento.

4.10.4 <u>Utilização de combustíveis alternativos na indústria do cimento</u>

Na indústria cimenteira mundial, uma das medidas para reduzir as emissões e o consumo de combustíveis fósseis é a queima de resíduos inorgânicos ou de biomassa como combustível de substituição. O tipo de resíduos e a sua utilização são regidos pelas directrizes do IPCC de 1996, que definem as regras aplicáveis à incineração de resíduos em fornos de cimento (IPCC, 1996). A utilização de resíduos como combustível de substituição é apoiada pelo princípio geral da gestão de resíduos, uma vez que a alternativa teria sido a sua deposição em aterro ou a sua destruição em incineradores especiais, o que teria resultado em emissões adicionais.

A utilização de resíduos inorgânicos como combustível alternativo na indústria cimenteira é uma tecnologia comprovada e bem estabelecida com inúmeros benefícios ambientais:

■ Reduzir a utilização de combustíveis fósseis não renováveis, como o carvão e os combustíveis fósseis.

- ■ Ajuda a reduzir as emissões de gases com efeito de estufa, substituindo os combustíveis fósseis por materiais que de outra forma teriam de ser queimados, com as correspondentes emissões e resíduos finais.

- ■ Maximizar a energia a partir dos resíduos. Toda a energia é utilizada diretamente no forno para produzir clínquer.

- ■ maximizar a reciclagem da parte incombustível dos resíduos e eliminar a necessidade de eliminar as escórias ou as cinzas, uma vez que a parte inorgânica substitui a matéria-prima do cimento

A utilização de resíduos como combustível alternativo é tecnicamente perfeita, uma vez que a parte orgânica é destruída e a parte inorgânica, incluindo os metais pesados, fica retida e ligada ao produto. Os fornos de cimento são adequados para a incineração de resíduos, uma vez que possuem uma série de características que os tornam instalações ideais para a vaporização e queima segura de combustíveis alternativos, tais como: temperaturas elevadas, tempos de residência longos, atmosfera oxidante, elevada inércia térmica, ambiente alcalino, retenção de cinzas e fornecimento contínuo de combustível.

Duas características principais são importantes para a utilização de resíduos como combustível alternativo em fornos de cimento: condições de combustão (alta temperatura com um longo tempo de residência e uma atmosfera oxidante) e um ambiente alcalino natural.

O funcionamento normal dos fornos de cimento proporciona condições de combustão mais do que suficientes para destruir mesmo os materiais orgânicos mais difíceis. [oo]Este facto deve-se principalmente às temperaturas muito elevadas dos gases do forno (2000 C no gás de combustão dos queimadores principais e 1100 C no gás dos queimadores do pré-calcinador). O tempo de residência do gás a alta temperatura é de 5 a 10 segundos no forno rotativo e mais de 3 segundos no pré-calcinador.

Uma vez que um forno de cimento é uma grande unidade de produção que funciona continuamente e tem uma elevada capacidade térmica e inércia térmica, não é possível alterar significativamente a temperatura do forno num curto período de tempo. O forno de cimento pode ser facilmente convertido de volta ao combustível convencional. Assim, o forno de cimento oferece um ambiente térmico intrinsecamente seguro para a utilização de combustíveis alternativos.

A combustão completa de um composto orgânico constituído apenas por carbono e hidrogénio produz apenas CO_2 e água. Se o composto orgânico (combustível convencional ou alternativo) contiver também cloro ou enxofre, formam-se também gases ácidos como o cloreto de hidrogénio e o dióxido de enxofre. Estes gases são absorvidos e neutralizados pela cal e outros materiais alcalinos acabados de formar no forno.

No que diz respeito aos componentes inorgânicos dos combustíveis alternativos, deve notar-se que as cinzas dos combustíveis alternativos podem fornecer componentes importantes que contribuem para a formação de fases de clínquer da mesma forma que as cinzas de carvão. Os pneus usados, por exemplo, fornecem ferro que é necessário como componente do clínquer e como energia. Se este ferro não for fornecido pelos pneus, deve ser adicionado ao processo juntamente com outros materiais.

Os metais, como todos os outros elementos, não são destruídos num forno industrial. Os metais que entram no forno de cimento através das matérias-primas ou do combustível estão contidos quer nos rejeitados quer no clínquer. Estudos aprofundados sobre o comportamento dos metais nos fornos de cimento mostraram que a grande maioria permanece no clínquer). Por exemplo, estudos sobre o antimónio, o arsénio, o bário, o berílio, o cádmio, o crómio, o cobre, o chumbo, o níquel, o selénio, o vanádio e o zinco mostraram que quase 100% destes metais são retidos nos sólidos. Os metais altamente voláteis, como o mercúrio e o tálio, não são incorporados no clínquer nas mesmas proporções, pelo que estes metais são cuidadosamente controlados no combustível de substituição (CEMBEREAU, 1997a).

Os resíduos e a biomassa queimados nos fornos de cimento incluem pneus usados, madeira, plásticos, produtos químicos, alcatifas usadas e outros tipos de resíduos inorgânicos e orgânicos. [15]A indústria do cimento nos Estados Unidos queima 53 milhões de pneus usados por ano, o que representa 41% de todos os pneus queimados e é equivalente a cerca de 15 PJ (um PJ = 10 J) (Taylor et al., 2006). No Japão, em 2005, foram incinerados cerca de 200 quilotoneladas (Kt) de pneus usados, 450 Kt de óleo usado, 340 Kt de aparas de madeira e 300 Kt de resíduos de plástico (JCA, 2006). Isto representa cerca de 42 PJ de energia proveniente de fontes alternativas, com base em 426 GJ/tonelada de óleos usados, 166 GJ/tonelada de aparas de madeira e 356 GJ/tonelada de resíduos de plástico.

Outros produtores de cimento na Bélgica, França, Alemanha, Países Baixos e Suíça atingiram taxas médias de substituição de combustíveis alternativos que variam entre 35% e mais de 70% do consumo total de energia; algumas fábricas individuais atingiram mesmo uma taxa de substituição de 100% utilizando materiais residuais adequados (Taylor et al., 2006).

Embora estes materiais alternativos sejam amplamente utilizados, a sua utilização continua a ser controversa, uma vez que os fornos de cimento não estão sujeitos aos mesmos controlos rigorosos das emissões que os incineradores de resíduos. De acordo com as estatísticas da AIE (AIE, 2006), a indústria do cimento na OCDE consumiu 66 PJ de energia renovável combustível e resíduos em 2003, cerca de metade dos seus resíduos industriais e metade dos seus resíduos de madeira, e a nível mundial, o sector consumiu 112 PJ de biomassa e 34 PJ de resíduos.

Atualmente, a indústria de cimento nigeriana não utiliza fontes de energia alternativas, uma vez que produz o calor necessário para queimar o calcário no forno utilizando combustíveis fósseis, principalmente fuelóleo e gás natural. Espera-se que, como parte das estratégias futuras para reduzir os gases com efeito de estufa e a procura total de energia primária da indústria do cimento, sejam feitos esforços concertados para incluir combustíveis alternativos de biomassa nos fornos de cimento.

4.10.5 **Emissões de monóxido de carbono (IV) na indústria cimenteira.**

A indústria cimenteira mundial é considerada uma das principais fontes de emissões de CO2 no mundo. A indústria tem incentivado iniciativas globais, regionais e nacionais para reduzir a poluição a nível mundial. Estão também a ser feitos novos esforços nas fábricas para introduzir novos equipamentos e melhorar os processos para reduzir as emissões de vários gases com efeito de estufa.

No entanto, vários estudos mostram que é pouco provável que as emissões da indústria cimenteira mundial diminuam num futuro próximo, devido à elevada procura de cimento nos países em desenvolvimento, onde continuam a ser realizados muitos projectos de construção e desenvolvimento de infra-estruturas, e à possibilidade de construir novas fábricas de cimento.

O relatório do Serviço Geológico dos Estados Unidos (USGS) indica que a procura absoluta de cimento na Europa e na América do Norte pouco se alterou desde 1970, enquanto quase todo o aumento da procura de cimento provém dos países em desenvolvimento, particularmente da Índia e da China. No caso da China, a procura de cimento explodiu, sendo responsável por quase dois terços do crescimento global da procura de cimento entre 1998 e 2004 (USGS, 2006).

Numa publicação recente, a Agência Internacional de Energia (AIE) estima que as emissões de CO2 da indústria cimenteira atingirão 2,4 a 2,7 Gt de CO_2/ano até 2050, o que representa 9 a 10% do total das emissões de CO2 projectadas a nível mundial e faz da indústria cimenteira uma fonte significativa de emissões de gases com efeito de estufa (AIE, 2006). O relatório também indica que, das emissões de CO2, quase 2 Gt de CO_2 (70% das emissões totais de CO2 previstas para a indústria do cimento) serão emissões de processo que não podem ser reduzidas por medidas de eficiência energética. Uma política eficaz de redução das emissões de CO2 não deve, por conseguinte, centrar-se apenas na eficiência energética e na substituição de combustíveis, mas deve também ter em conta as emissões dos processos.

4.10.6 Rácio clínquer/cimento

A produção de clínquer é a parte mais intensiva em energia da produção de cimento, uma vez que o cimento Portland comum contém cerca de 95% de clínquer. A Tabela 4.12 mostra a composição dos diferentes tipos de cimento

O teor de clínquer do cimento é um indicador importante da qualidade do produto na indústria cimenteira, uma vez que influencia a qualidade do produto, a energia necessária para produzir cimento e as emissões de CO_2 durante a produção de cimento.

A necessidade de reduzir as emissões e os requisitos energéticos para a produção de cimento levou à utilização de substitutos do clínquer na produção de cimento. Estes substitutos do clínquer, como a pozolana (cinza vulcânica), a cinza volante ou a escória granulada, são utilizados para produzir tipos alternativos de cimento que consomem menos energia devido à quantidade reduzida de clínquer necessária por tonelada de cimento. Estes tipos alternativos de cimento reduzem as emissões devidas ao consumo de energia dos fornos e evitam as emissões de processo geradas durante a produção de clínquer.

Os substitutos do clínquer não são apenas utilizados na produção de cimento, mas uma quantidade considerável de materiais pozolânicos é também utilizada diretamente no revestimento de estradas, onde substituem o cimento e o betão. Em alguns países, nomeadamente nos EUA e na China, os substitutos do clínquer são utilizados diretamente no fabrico de betão (Taylor et al, 2006).

O Quadro 4.13 (a) mostra a relação clínquer/cimento nos principais países em desenvolvimento para os anos 1980, 1990, 1995 e 2005, enquanto o Quadro 4.13 (b) mostra a relação clínquer/cimento para a fábrica de cimento de Ashaka e a fábrica de cimento de Sagamu para o período 2000-2005.

É evidente, a partir destes quadros, que a indústria de cimento nigeriana precisa de tomar medidas urgentes para reduzir o rácio clínquer/cimento em pelo menos 30%, se espera reduzir as suas necessidades energéticas e as emissões do processo durante a produção. Como a indústria de cimento nigeriana produz atualmente apenas cimento Portland, deve considerar a produção de cimentos misturados que incluam a utilização de aditivos de clínquer para reduzir as emissões do processo e as necessidades energéticas durante a produção.

Quadro 4.9: Produção mundial de cimento em 2005

País	Produção (milhões de toneladas/ano)	Quota (%)	cumulativo (%)

China	1064	46.6	46.6
Índia	130	5.7	52.3
Estados Unidos	99	4.3	56.6
Japão	66	2.9	59.5
Coreia	50	2.2	61.7
Espanha	48	2.1	63.8
Rússia	45	2.0	65.8
Tailândia	40	1.8	67.5
Brasil	39	1.7	69.2
Itália	38	1.7	70.9
Turquia	38	1.7	72.6
Indonésia	37	1.6	74.2
México	36	1.6	75.7
Alemanha	32	1.4	77.1
Irão	32	1.4	78.6
Egipto	27	1.2	79.7
Vietname	27	1.2	80.9
ARABIA SAUDITA	24	1.1	82.0
França	20	0.9	82.8
outros	392	17.2	100.0
Mundo (total)	**2284**	**100.0**	

FONTE: (USGS, 2006)

Quadro 4.10: Tecnologias de cimento e mistura de combustíveis por região

N/A	Região	Tipo de processo				Quota de combustível			
		Seco	Meia - Seco	Húmido	Vertical	Carvão	Óleo	Gás	Outros
		(%)	(%)	(%)	(%)	(%)	(%)	(%)	(%)
1.	Estados Unidos	65	2	33	0	58	2	13	26
2.	Canadá	71	6	23	0	52	6	22	15
3.	Europa Ocidental	58	23	13	6	48	4	2	42
4.	Japão	100	0	0	0	94	1	0	3
5.	Austrália e Nova Zelândia	24	3	72	0	58	<1	38	4
6.	China	43	0	2	55	94	6	<1	0
7.	Sudeste Ásia	80	9	10	1	82	9	8	1
8.	Brasil	98	N.a	N.a	N.a	1	66	1	32
9.	Coreia do Sul	93	0	7	0	87	11	0	2
10.	Índia	50	9	25	16	96	1	1	2
11.	Antiga União Soviética	12	3	78	7	7	1	68	<1
12.	Para leste Europa	54	7	39	0	52	34	14	<1

13. Latina América	67	9	23	1	20	36	24	12
14. África	66	9	24	0	29	36	29	5
15. Médio Oriente	82	3	16	0	0	52	30	4

Fonte: Conselho Empresarial Mundial para o Desenvolvimento Sustentável (wbcsd), 2002
Sociedade do Cimento do Sião, 2005

Quadro 4.11: Benchmarking das melhores práticas: identificação do potencial técnico de poupança de energia primária na indústria cimenteira nigeriana (2000 - 2005)

	FÁBRICA DE CIMENTO DE ASHAKA (PROCESSO SECO)			FÁBRICA DE CIMENTO SAGAMU (PROCESSO HÚMIDO)		
	Primário real	Melhores práticas na escola primária	Potencial técnico	Primário real	Melhores práticas	Potencial técnico
ANO	Intensidade energética (GJ/tonelada)	Intensidade energética (GJ/tonelada)	Energia primária Poupanças (GJ/tonelada)	Intensidade energética (GJ/tonelada)	Energia primária Intensidade (GJ/tonelada)	Energia primária Poupanças (GJ/tonelada)
2000	5.06	3.06	2.00	7.56	6.21	1.34
2001	4.96	3.06	1.90	7.88	6.21	1.67
2002	5.19	3.06	2.13	8.82	6.21	2.61
2003	5.14	3.06	2.08	9.37	6.21	3.16
2004	5.52	3.06	2.46	9.04	6.21	2.79
2005	6.27	3.06	3.21	7.07	6.21	1.14

Tabela 4.12: Composição dos diferentes tipos de cimento

Tipos de cimento	Cimento Portland (%)	Cimento de cinzas volantes de Portland (%)	Cimento de alto-forno (%)	Cimento de escória activada (%)
Clínquer	95	75	30	-
Voo - cinzas	-	25	-	45
Alto-forno - Escória	-	-	65	-
Escória sintética	-	-	-	45
Cal viva	-	-	-	-
Copo de água	-	-	-	10
Sulfato de sódio	-	-	-	-

| Gesso | 5 | - | 5 | - |

Quadro 4.13 (a): Rácio clínquer/cimento nos principais países em desenvolvimento

PAÍS	CEINKER TO PROPORÇÃO DE CIMENTO			
	1980	**1990**	**1995**	**2005**
China	0.73	0.74	0.70	0.70
Brasil	0.81	0.74	0.80	0.75
Índia	0.85	0.84	0.90	0.88
México	0.86	0.92	0.88	0.80

FONTES: Price et al (1999) e Taylor et al (2006)

Quadro 4.13 (b) Rácio clínquer/cimento para as fábricas de cimento de Ashaka e Sagamu (2000 - 2005)

COMPONENTES	RÁCIO CIMENTO/CIMENTO					
	2000	2001	2002	2003	2004	2005
ASHAKA	1.06	1.06	1.05	1.06	1.09	1.16
SAGAMU	1.06	1.06	1.07	1.06	1.08	1.16

CAPÍTULO CINCO
<u>RECOMENDAÇÕES</u>

5.1 <u>Tecnologias e medidas de eficiência energética para a indústria do cimento na Nigéria.</u>

Os parágrafos anteriores mostram que existem muitas oportunidades para melhorar a eficiência energética nas duas fábricas de cimento, mantendo ou aumentando a produtividade. A melhoria da eficiência energética numa fábrica de cimento tem de ser abordada de vários ângulos. Em primeiro lugar, as fábricas consomem energia para equipamentos como motores, bombas e compressores. Este equipamento essencial deve ser objeto de manutenção regular, funcionar corretamente e ser substituído, se necessário. Um elemento crucial da gestão da energia numa fábrica é, portanto, o controlo eficaz do equipamento multifuncional que alimenta o processo de produção numa fábrica.

Uma segunda área de igual importância é a operação correcta e eficiente do processo. A otimização do processo e a garantia da tecnologia mais eficiente são fundamentais para conseguir poupanças de energia no funcionamento de uma fábrica. Afinal de contas, muitos processos ocorrem simultaneamente numa fábrica. O ajuste fino da sua eficiência é necessário para garantir a poupança de energia.

Há uma série de tecnologias e medidas que podem reduzir a intensidade energética das várias fases do processo de produção de cimento. Esta secção apresenta uma avaliação mais detalhada das tecnologias e medidas que podem melhorar a eficiência energética das duas fábricas de cimento consideradas neste estudo.

A Tabela 5.1 apresenta as tecnologias e medidas consideradas nesta análise. Nem todas as medidas do Quadro 5.1 são aplicáveis a todas as instalações. A aplicabilidade depende da situação atual e futura de cada instalação.

Embora as modificações técnicas nas instalações possam ajudar a reduzir o consumo de energia, as mudanças no comportamento e atitudes do pessoal podem ter um impacto maior. Os trabalhadores devem receber formação sobre as suas competências e sobre a abordagem geral da fábrica em matéria de eficiência energética no seu trabalho quotidiano. O pessoal a todos os níveis deve estar ciente do consumo de energia e dos objectivos de melhoria da eficiência energética. Muitas vezes, esta informação é adquirida pelos gestores de nível inferior, mas não é transmitida aos gestores de topo ou aos trabalhadores (Caffal, 1995).

Os programas que fornecem feedback regular sobre o comportamento dos empregados, como os esquemas de recompensa, têm mostrado os melhores resultados. Embora as mudanças no comportamento dos empregados, como desligar as luzes ou fechar as janelas e portas, muitas vezes poupem apenas pequenas quantidades de energia de cada vez, medidas contínuas durante um período mais longo podem ter um impacto muito maior do que as melhorias técnicas mais dispendiosas.

Mais importante ainda, as fábricas de cimento precisam de pôr em prática programas rigorosos de gestão da energia que monitorizem as melhorias da eficiência energética em toda a empresa. Um programa de gestão da energia assegurará que todos os empregados contribuam ativamente para melhorar a eficiência energética.

5.2 <u>Sistemas e programas de gestão da energia.</u>

Um forte programa de gestão de energia a nível de toda a empresa é essencial para melhorar a eficiência energética. A implementação de um programa de gestão de energia a nível de toda a empresa é uma das formas mais eficazes e económicas de melhorar a eficiência energética.

Um programa de gestão da energia estabelece as bases para uma mudança positiva e fornece um guia para a gestão da energia em toda a empresa. Nas empresas sem um programa claro, as oportunidades de melhoria são conhecidas, mas não são incentivadas ou implementadas devido a barreiras organizacionais. Estas barreiras podem incluir a falta de comunicação entre empresas, a falta de compreensão da forma como um projeto de eficiência energética pode ser apoiado, recursos financeiros limitados, falta de responsabilização pelas medidas ou uma perceção de mudança do status quo. Embora a energia represente um custo significativo para um sector, muitas empresas ainda não estão fortemente empenhadas em melhorar a gestão da energia. A Figura 5.1 ilustra os aspectos fundamentais de um programa eficaz de gestão da energia

Um programa de gestão de energia bem sucedido começa com um forte empenhamento na melhoria contínua da eficiência energética. Isto implica a atribuição de tarefas de supervisão e gestão a um diretor de energia, a definição de uma política energética e a criação de uma equipa multifuncional de energia. De seguida, são implementados passos e procedimentos para avaliar o desempenho através de análises regulares dos dados energéticos, avaliações técnicas e benchmarking. Com base nesta avaliação, a organização pode desenvolver uma base de referência para o consumo de energia e estabelecer objectivos de melhoria.

Os objectivos de desempenho ajudam a conceber o desenvolvimento e a implementação de um plano de ação. Um aspeto importante para garantir o êxito do plano de ação é o envolvimento do pessoal de toda a organização. O pessoal a todos os níveis deve estar consciente do consumo de energia e dos objectivos de eficiência energética. O pessoal deve receber formação sobre as suas competências e sobre as abordagens gerais da eficiência energética na prática quotidiana.

Além disso, os resultados do desempenho devem ser avaliados regularmente e comunicados a todo o pessoal, sendo o bom desempenho reconhecido. A avaliação do desempenho envolve uma revisão regular dos dados de consumo de energia e das actividades realizadas no âmbito do plano de ação. A informação recolhida como parte do processo de revisão formal ajuda a definir novos objectivos de desempenho e planos de ação, bem como a destacar as boas práticas. O estabelecimento de um programa de comunicação forte e o reconhecimento dos sucessos são também passos importantes. Uma comunicação forte e o reconhecimento ajudam a criar apoio e impulso para actividades futuras.

5.3   __Sistemas de monitorização da energia.__

A utilização de sistemas de monitorização da energia e de controlo de processos pode desempenhar um papel importante na gestão da energia e na redução do consumo de energia. Estes podem ser sistemas de submedição, monitorização e controlo. Podem reduzir o tempo necessário para executar tarefas complexas, melhorar frequentemente a qualidade e a consistência dos produtos e dos dados e otimizar o funcionamento dos processos. As poupanças típicas de energia e de custos são da ordem dos 5% ou mais em muitas aplicações industriais de sistemas de controlo de processos (Worrel et al., 2004).

5.3.1 __Preparação das matérias-primas__

(a) . __Sistemas de transporte eficazes (via seca)__ :

Os sistemas de transporte são necessários para movimentar materiais em pó, tais como carga do forno, pó do forno e cimento acabado, através da fábrica. Estes materiais são geralmente transportados através de transportadores pneumáticos ou mecânicos. Os transportadores mecânicos consomem menos energia do que os sistemas pneumáticos. De acordo com Holderbank (1993), a poupança média resultante da mudança para sistemas de transporte mecânicos é estimada em 2,0 kWh/tonelada de matéria-prima.

(b) . __Sistemas de mistura de farinha grosseira (homogeneização) (processo seco)__

Para obter um produto de alta qualidade e manter condições de combustão óptimas e eficazes no forno, é essencial que a farinha crua seja completamente homogeneizada. O controlo de qualidade começa na pedreira e estende-se até ao silo de mistura. Os analisadores em linha para o controlo da mistura da farinha crua são uma parte essencial do sistema de controlo de qualidade (Fujimoto, 1993; Holderbank, 1993).

A maioria das fábricas utiliza ar comprimido para agitar a farinha em pó em silos de homogeneização conhecidos como silos de turbulência de ar (consumo de 1 a 1,4 kWh/tonelada de farinha crua). As instalações de secagem mais antigas, como a fábrica de cimento de Ashaka, utilizam sistemas mecânicos que retiram simultaneamente material de 6 a 8 silos diferentes a taxas variáveis (Fujimoto, 1993) e consomem 2 a 2,4 kWh/tonelada de farinha crua. As fábricas modernas, como a fábrica de cimento de Ewekoro, utilizam silos de homogeneização por gravidade (ou silos de mistura e armazenamento contínuos) que reduzem o consumo de eletricidade. Nestes silos, o material flui através de uma das várias saídas onde é misturado num cone invertido. Embora os silos de gravidade não atinjam a mesma eficiência de mistura que os sistemas de leito fluidizado a ar, reduzem significativamente o consumo de eletricidade (Holderbank, 1993). A modernização dos silos é rentável se o silo puder ser subdividido por meio de válvulas de ar e dividido em compartimentos que são agitados um após o outro, em vez de se construir um sistema de silo totalmente novo (Gerbec, 1999). A poupança de energia é estimada em 0,9 - 2,3 kWh/tonelada de farinha crua (Fujimoto, 1993; Holderbank, 1993; Alsop & Post, 1995; CEMBUREAU, 1997b; Gerbec, 1999).

(c) . <u>Mistura e homogeneização das lamas (processo húmido)</u>

No processo húmido, as lamas são misturadas e homogeneizadas num processo descontínuo. Para a mistura, são utilizados ar comprimido e agitadores rotativos. A utilização de ar comprimido pode levar a perdas de energia relativamente elevadas devido à sua fraca eficiência. Um sistema de mistura operado de forma eficiente pode consumir 0,3 a 0,5 kWh/tonelada de matéria-prima (CEMBUREAU, 1997b). As medidas mais importantes para melhorar a eficiência energética dos sistemas de mistura de lamas encontram-se no sistema de ar comprimido, que é discutido nas medidas relativas a toda a instalação.

(d) . <u>Moinhos de lavagem com separador de circuito fechado (processo húmido)</u>

Na maioria dos fornos de processamento por via húmida, os moinhos tubulares são utilizados em combinação com crivos de circuito fechado ou aberto. Um sistema eficiente de moinho de tubos consome cerca de 13 kWh/tonelada (CEMBUREAU, 1997b). A substituição do moinho tubular por um moinho de lavagem reduziria o consumo de eletricidade para 5-7 kWh/tonelada (CEMBUREAU, 1997b), com custos de investimento e de funcionamento comparáveis aos de um moinho tubular. Ao substituir um moinho tubular, um moinho de lavagem deve ser considerado como uma alternativa, reduzindo o consumo de eletricidade para a moagem em bruto em 5 - 7 kWh/tonelada, ou seja, 40 - 60%.

(e) . <u>Utilização de moinhos de rolos (processo seco)</u>

Os moinhos de bolas tradicionais utilizados para moer certas matérias-primas (principalmente calcário duro) podem ser substituídos por moinhos de rolos altamente eficientes, moinhos de bolas combinados com prensas de rolos de alta pressão ou moinhos de rolos horizontais. A utilização destes moinhos modernos permite poupar energia sem comprometer a qualidade do produto. Estima-se que a poupança de energia é da ordem dos 6 a 7 kWh/tonelada de matéria-prima (CEMBUREAU, 1997b) quando se instala um moinho de rolos vertical ou horizontal. Uma vantagem adicional dos moinhos de rolos em linha é o facto de poderem combinar a secagem da matéria-prima com o processo de moagem, utilizando grandes quantidades de calor residual de baixa qualidade proveniente de fornos ou de refrigeradores de clínquer (Venkateswaran e Lowitt, 1988).

(f) . <u>Controlo do processo da farinha crua (processo seco - moinho vertical)</u>

O principal problema dos moinhos verticais existentes é o acionamento das vibrações. Quando o rendimento é elevado, é difícil controlar manualmente as vibrações. Um sistema de controlo preditivo multivariado baseado num modelo maximiza o rendimento total, mantendo um valor-alvo para os resíduos e um intervalo seguro para os disparos de vibração. Na primeira aplicação deste modelo, as viagens de vibração evitáveis (que eram 12 por mês antes do projeto de controlo) foram eliminadas. O aumento registado no rendimento foi de 6%, com uma redução correspondente de 6% no consumo específico de energia (Martin e McGarel, 2001), ou seja, 0,8 a 1,0 kWh/tonelada de matéria-prima (com base em CEMBEREAU, 1997b).

(g) . <u>Separadores/classificadores de alta eficiência .</u>

Um novo desenvolvimento na tecnologia de moagem eficiente é o uso de classificadores ou separadores de alta eficiência. Os classificadores separam as partículas finamente moídas das partículas grossas. As partículas grossas são então devolvidas ao moinho. Os classificadores de alta eficiência podem ser usados tanto no moinho de matéria-prima quanto na planta de moagem final.

Os classificadores padrão podem ter uma baixa taxa de separação, resultando em recirculação de partículas e consumo adicional de energia no moinho. Foram desenvolvidos diferentes conceitos de classificadores de alta eficiência (Holderbank, 1993; Sussegger, 1993). Nos classificadores de alta eficiência, o material permanece no classificador durante um período de tempo mais longo, resultando numa separação mais limpa e numa menor sobre-moagem. As poupanças de eletricidade resultantes da utilização de classificadores de alta eficiência estão estimadas em 8% do consumo específico de eletricidade e num aumento de 15% da capacidade do moinho (Holderbank, 1993), tal como a melhoria da qualidade do produto devido a uma granulometria mais uniforme (Salzborn e Chin-Fatt, 1993), tanto na farinha crua como no cimento. Uma melhor distribuição granulométrica no moinho de cru pode levar a poupanças de combustível no forno e a uma melhor qualidade do clínquer.

5.3.2 Produção de clínquer - Todos os fornos

(a) . Sistemas de controlo e gestão de processos

O calor do forno pode perder-se se as condições ou a gestão do processo não forem as melhores. Os sistemas automatizados de controlo computorizado podem ajudar a otimizar o processo e as condições de cozedura. Um melhor controlo do processo também ajudará a melhorar a qualidade e a moabilidade do produto, por exemplo, a reatividade e a dureza do clínquer produzido, o que pode levar a uma moagem mais eficiente do clínquer.

Os sistemas adicionais de controlo do processo incluem a utilização de analisadores em linha que permitem aos operadores determinar instantaneamente a composição química das matérias-primas que estão a ser processadas na fábrica, permitindo que a mistura de matérias-primas seja imediatamente modificada. A alimentação regular garante que o forno funciona de forma mais homogénea, o que acaba por poupar combustível.

As poupanças de energia dos sistemas de controlo de processos podem variar entre 2,5% e 10% (ETSU, 1988; Haspel e Henderson, 1993; Ruby, 1997), sendo as poupanças típicas estimadas em 2,5 - 5%.

O controlo do processo do refrigerador do clínquer pode ajudar a melhorar a recuperação de calor e o rendimento do material, controlar melhor o teor de cal livre do clínquer e reduzir as emissões de NOx (Martin et al., 2000). A instalação de um optimizador de processos aumentou o rendimento do arrefecedor em 10%, reduziu o teor de cal livre em 30% e o consumo de energia em 5%, reduzindo simultaneamente as emissões de NOx em 20% (Martin et al., 2000).

(b) . Melhoria dos sistemas de incineração em fornos.

Os sistemas de combustão de combustível nos fornos podem contribuir para a falta de rentabilidade do forno devido a problemas como lareiras mal afinadas, combustão incompleta do combustível com elevada formação de CO e combustão de ar em excesso (Venkateswaran e Lowitt, 1988). Os sistemas melhorados visam otimizar a forma da chama e a mistura do ar de combustão e do combustível, bem como reduzir a utilização de ar em excesso. Foram desenvolvidas várias abordagens. Uma técnica de controlo da chama desenvolvida no Reino

Unido resultou numa poupança de combustível de 2-10%, dependendo do tipo de forno (Venkateswaran e Lowitt, 1988). Lowes (1990) analisou os avanços na tecnologia de combustão que melhoram a combustão através da utilização de um melhor controlo da fornalha. Refere também que foram demonstradas poupanças de combustível até 10% com a utilização de técnicas de conceção de chama para eliminar as condições de redução na zona de clínquer do forno numa fábrica da Blue Circle (Lowes, 1990).

(c) . <u>Juntas de vedação</u>

São utilizadas vedações na entrada e na saída do forno para reduzir a penetração de ar e a perda de calor. Os vedantes podem perder a sua estanquicidade, aumentando a necessidade de calor do forno. Os selos pneumáticos e os selos lamelares são os mais utilizados, embora também estejam disponíveis outros modelos (por exemplo, selos com mola). Embora os vedantes possam durar até 10.000 a 20.000 horas, pode ser necessária uma inspeção regular para reduzir as fugas. As perdas de energia devido a fugas nos vedantes podem variar, mas são geralmente relativamente pequenas. A Philip Kiln Services relata que a atualização dos vedantes pneumáticos de entrada numa fábrica relativamente moderna na Índia (Maihar Cement) reduziu o consumo de combustível do forno em 0,4% (Philip Kiln Services, 2001). O período de retorno do investimento para melhorar a manutenção das juntas do forno é estimado em 6 meses ou menos (Canadian Lime Institute, 2001).

(d) . <u>Caixa do forno Redução da perda de calor.</u>

O invólucro de um forno de cimento pode causar perdas de calor consideráveis, particularmente na zona de cozedura. A utilização de materiais refractários mais isolantes (por exemplo, Lytherm) pode reduzir a perda de calor (Venkateswaran e Lowitt, 1988). A escolha do material refratário depende das propriedades de isolamento do tijolo e da capacidade de desenvolver e manter um revestimento. O revestimento ajuda a reduzir as perdas de calor e a proteger a zona de combustão dos tijolos refractários. Estima-se que o desenvolvimento de revestimentos isolantes a alta temperatura para fornos refractários pode reduzir o consumo de combustível entre 0,12 e 0,39 GJ/tonelada (Lowes, 1990; COWIconsult, 1993; Venkateswaran e Lowitt, 1988). A utilização de materiais refractários melhorados pode também conduzir a uma maior fiabilidade do forno e a uma redução do tempo de paragem, o que diminui significativamente os custos de produção e reduz a energia necessária para o arranque.

(e) . <u>Materiais refractários</u>

Os materiais refractários protegem o invólucro de aço do forno do calor e das tensões químicas e mecânicas. A escolha dos materiais refractários depende da combinação de matérias-primas, combustíveis e condições de funcionamento. Uma vida útil mais longa dos refractários significa tempos de funcionamento mais longos e menos tempo de inatividade entre novas alimentações do forno, compensando o custo de refractários de maior qualidade (Schmidt, 1998; Van Oss, 2002). Também resulta em poupanças de energia adicionais através de uma redução relativa do tempo de arranque e dos custos de energia. As poupanças de energia são difíceis de quantificar, uma vez que dependem muito da escolha do revestimento e da gestão.

(f) . <u>Acionamento do forno</u>

É necessária uma quantidade considerável de energia para fazer girar o forno. Nos Estados Unidos (EUA), são geralmente utilizados motores síncronos (Regitz, 1996) de até 1.000 HP. As eficiências mais elevadas são obtidas com um acionamento de pinhão único com um acoplamento pneumático e um motor síncrono (Regitz, 1996). Este sistema reduziria o consumo de eletricidade para os accionamentos dos fornos em alguns pontos percentuais, ou seja, cerca de 0,5 kWh/tonelada de clínquer, com um custo de investimento ligeiramente superior (+6%).

Recentemente, tem sido defendida a utilização de motores de corrente alternada para substituir o acionamento de corrente contínua tradicionalmente utilizado. O sistema de motor AC pode levar a uma eficiência ligeiramente superior (menos 0,5 a 1% de consumo de energia para acionar o forno) e a custos de capital mais baixos (Holland, 2001). A utilização de motores de alta eficiência para substituir motores antigos ou em vez de rebobinar motores antigos pode reduzir os custos de eletricidade em 2 a 8% (Dolores e Moran, 2001).

(g) . <u>Conversão para arrefecedor de grelha móvel</u>

São utilizados quatro tipos principais de arrefecedores para arrefecer o clínquer: arrefecedores de eixo, arrefecedores rotativos, arrefecedores planetários e arrefecedores de grelha móvel e grelha elevatória. O arrefecedor de grelha é a variante moderna e é utilizado em quase todos os fornos modernos. Os arrefecedores de grelha são a tecnologia padrão para os grandes fornos modernos.

ₒAs vantagens do arrefecedor de grelha são a sua grande capacidade (que permite grandes capacidades de forno) e a sua eficiência de recuperação de calor (a temperatura do clínquer que sai do arrefecedor pode atingir 83 C, em vez de 120 - 2000 C, como se pode esperar com os arrefecedores planetários (Vleuten, 1994). A recuperação terciária de calor (necessária para o pré-calcinador) não é possível com os refrigeradores planetários (CEMBUREAU, 1997b), o que limita a eficiência da recuperação de calor.

Os arrefecedores de grelha recuperam mais calor do que outros tipos de arrefecedores. Para instalações de grande capacidade, os arrefecedores de grelha são o equipamento preferido. Para as instalações que produzem menos de 500 toneladas por dia, o arrefecedor de grelha pode ser demasiado caro (COWIconsult et al, 1993).

Os refrigeradores de pistão modernos têm uma taxa de recuperação de calor mais elevada do que as variantes mais antigas, aumentando a eficiência da recuperação de calor para 65% ou mais, ao mesmo tempo que reduzem as variações na potência de recuperação (ou seja, a produtividade do forno aumenta). Em comparação com um arrefecedor planetário, os arrefecedores de grelha proporcionam uma recuperação de calor adicional para um consumo de energia adicional de cerca de 2,7 kWh/tonelada de clínquer (COWIconsult et al, 1993; Vleuten, 1994). As poupanças são estimadas em até 8% do consumo de combustível do forno (Vleuten, 1994).

Em geral, a mudança para um refrigerador só faz sentido do ponto de vista económico se for instalado um pré-calcinador, que é necessário para produzir ar terciário (CEMBUREAU, 1997b), ou se a capacidade de produção for aumentada.

5.3.3 Lixagem de acabamento

(a) . Conceitos avançados de looping

A eficiência energética dos moinhos de bolas para a moagem final é relativamente baixa e pode atingir 30 a 42 kWh/tonelada de clínquer, dependendo da finura do cimento (Marchal, 1997; CEMBUREAU 1997b). Existem várias novas concepções de moinhos que podem reduzir significativamente o consumo de eletricidade na instalação de moagem final para 20 - 30 kWh/tonelada de clínquer, incluindo prensas de rolos, moinhos de rolos e prensas de rolos utilizadas em combinação com moinhos de bolas para pré-moagem (Alsop e Post, 1995; CEMBUREAU, 1997b; Seebach et al, 1996). Os moinhos de rolos funcionam com uma mistura de compressão e cisalhamento, com 2 a 4 rolos de moagem que se movem em braços articulados numa mesa de moagem horizontal (CEMBUREAU, 1997b; Alsop e Post, 1995). Num moinho de rolos de alta pressão, dois rolos pressurizam o material com uma pressão de até 3.500 bar (Buzzi, 1997), o que melhora consideravelmente o desempenho da moagem (Seebach et al., 1996).

Uma variante do moinho de rolos é o moinho de rolos de anel de ar, que atinge um consumo de eletricidade de 23 kWh/tonelada para um Blaine de 3000 (Folsberg, 1997). Um novo conceito de moinho é o Horomill, que foi apresentado pela primeira vez em Itália em 1993 (Buzzi, 1997). No Horomill, um rolo horizontal é acionado dentro de um cilindro. As forças centrífugas resultantes do movimento do cilindro accionam uma camada uniformemente distribuída no interior do cilindro. A camada passa através do cilindro (com uma pressão de 700 a 1000 bar (Marchal, 1997). O produto acabado é recolhido num filtro de poeiras.

O moinho Horomill é um moinho compacto que pode produzir um produto acabado numa única fase e, portanto, tem um custo de investimento relativamente baixo. ɔo de cimento Portland com uma blaina de 3200 cm /g consome cerca de 21 kWh/tonelada (Buzzi, 1997), e mesmo para o cimento pozolânico com uma blaina de 4000, o consumo de eletricidade pode atingir 25 kWh/tonelada (Buzzi, 1997). o utilizadas para aumentar a capacidade dos trituradores existentes e encontram-se principalmente em países onde o custo da eletricidade é elevado ou onde o fornecimento de energia é deficiente (Seebach et al., 1996).

(b) . <u>Meios de moagem melhorados</u>

Os materiais mais resistentes ao desgaste podem ser utilizados como meios de moagem, particularmente em moinhos de bolas. Os meios de moagem são geralmente seleccionados com base nas propriedades de desgaste do material. O aumento da distribuição da carga das bolas e da dureza da superfície dos corpos moedores resistentes ao desgaste e dos revestimentos dos moinhos mostrou potencial para reduzir o desgaste e o consumo de energia (Venkaateswaran e Lowitt, 1988). Esferas e revestimentos melhorados feitos de aço com elevado teor de crómio são um desses materiais, mas são também possíveis outros materiais. Outras melhorias incluem a utilização de revestimentos melhorados, tais como revestimentos de classificadores com ranhuras. Estes têm o potencial de reduzir o consumo de energia durante a moagem em 5-10% nalguns moinhos, o que corresponde a uma poupança estimada de 1,8 kWh/tonelada de cimento (Venkaateswaran e Lowitt, 1988).

5.4 <u>Medições em toda a fábrica</u>

(a) . <u>Manutenção preventiva</u>

A manutenção preventiva também envolve a formação do pessoal para prestar atenção ao consumo e à eficiência energética. Apesar de muitos processos na produção de cimento serem largamente automatizados, existem ainda oportunidades para aumentar a poupança de energia que requerem apenas uma formação mínima do pessoal. Além disso, a manutenção preventiva (por exemplo, para a briquetagem no forno) pode aumentar a taxa de utilização de uma fábrica, reduzindo o tempo de inatividade a longo prazo. Birch (1990) menciona que a redução da entrada de ar viciado no forno na campânula do forno tem um potencial de poupança de 0,046 MJ/kg de clínquer. Lang (1994) encontra uma redução de até 5 kWh para várias medidas de manutenção preventiva e de controlo do processo (normalmente cerca de 3 kWh/tonelada).

(b) . Motores e accionamentos de elevada eficiência.

Os motores e accionamentos são utilizados em toda a fábrica de cimento para acionar ventiladores (pré-aquecedor, arrefecedor, bypass alcalino), para fazer girar o forno, para transportar materiais e, sobretudo, para a moagem. Numa fábrica de cimento típica, podem ser utilizados 500 a 700 motores eléctricos, com potências que variam entre alguns KW e vários MW (Vleuten, 1994). O consumo de eletricidade no forno (sem moagem) é estimado em cerca de 40-50 kWh/tonelada de clínquer (Heijningen et al, 1992).

As unidades de velocidade variável, as estratégias de controlo melhoradas e os motores de alta eficiência podem ajudar a reduzir o consumo de eletricidade nos fornos de cimento. Se a substituição não tiver impacto no funcionamento do processo, os motores podem ser substituídos em qualquer altura. No entanto, é frequente que os motores sejam ligados de novo em vez de serem substituídos por novos. As economias de energia podem variar consideravelmente de uma instalação para outra, indo de 3% a 8% (Fujimoto, 1994). Vleuten (1994) estima o potencial de poupança em 8% do consumo de eletricidade.

(c) . Sistemas de ar comprimido

Os sistemas de ar comprimido são utilizados em várias partes da fábrica, por exemplo, para a mistura de lamas (no processo húmido) e nos filtros dos colectores de pó Pulse - Jet ou Plenum Pulse e outras peças. O consumo total de energia dos sistemas de ar comprimido é relativamente baixo nas fábricas de cimento, mas pode tornar-se um fator de custo considerável quando os sistemas estão a funcionar continuamente e os utilizadores finais estão offline. No entanto, é possível encontrar medidas para melhorar a eficiência energética destes sistemas. O ar comprimido é provavelmente a forma de energia mais cara disponível numa fábrica, devido à sua baixa eficiência. Normalmente, a eficiência global do ar comprimido é de cerca de 10% (LBNL et al, 1998). Se o ar comprimido for utilizado, devido a esta ineficiência, deve ser utilizado nas menores quantidades possíveis e durante o menor tempo possível, continuamente monitorizado e avaliado em relação a alternativas.

Uma manutenção inadequada dos sistemas de ar comprimido pode reduzir a eficiência da compressão e aumentar as fugas de ar ou as variações de pressão, bem como conduzir a temperaturas de funcionamento elevadas, a um controlo deficiente da humidade e a incrustações excessivas. Uma melhor manutenção pode reduzir estes problemas e poupar energia. A manutenção correcta inclui o seguinte (LBNL, et al, 1998):

■ Manter as superfícies do compressor e do refrigerador de ar de sobrealimentação limpas e isentas de sujidade.

■ Manter os motores devidamente lubrificados e limpos.

- ■ Inspecionar os sifões

- ■ Manutenção de aparelhos de refrigeração.

- ■ Verificar o desgaste das correias.

- ■ Substituir o separador de ar/lubrificante.

- ■ Verificar os sistemas de arrefecimento a água.

(d) . <u>Reduzir as fugas</u>

As fugas podem ser uma fonte importante de desperdício de energia. Uma instalação típica que não é bem mantida é suscetível de ter uma taxa de fuga de 20-50% da capacidade total de ar comprimido (Ingersoll Rand, 2001; Price e Ross, 1989). A manutenção das fugas pode reduzir este valor para menos de 10%. Globalmente, prevê-se que a reparação de fugas reduza o consumo anual de energia em sistemas de ar comprimido em 20% (Radgen e Blaustein, 2001). As estimativas de fugas dependem do tamanho do furo nas tubagens ou instalações.

Para além de aumentar o consumo de energia, as fugas podem prejudicar a eficiência das ferramentas pneumáticas e afetar a produção, encurtar a vida útil do equipamento, levar a requisitos de manutenção adicionais e aumentar o tempo de inatividade não planeado. No pior dos casos, as fugas podem aumentar desnecessariamente a capacidade do compressor. Os pontos de fuga mais comuns são os encaixes, canos, tubos, acoplamentos, reguladores de pressão, separadores de condensado abertos e válvulas de fecho, encaixes de tubos, separadores e vedantes de roscas.

Uma forma simples de detetar fugas é aplicar água com sabão nas áreas suspeitas. A melhor forma de detetar fugas é utilizar um detetor acústico ultrassónico, que consegue reconhecer os sons sibilantes de alta frequência associados às fugas de ar. Uma vez identificadas, as fugas devem ser localizadas, reparadas e monitorizadas. Os programas de deteção e reparação de fugas devem ser implementados de forma contínua.

(e) . <u>Controlos do compressor</u>

O objetivo de qualquer estratégia de controlo é desligar os compressores desnecessários ou atrasar o arranque de compressores adicionais até que sejam necessários. Todas as unidades iniciadas, exceto uma, devem estar a funcionar a plena carga. O posicionamento do circuito de controlo também é importante; a redução e regulação da pressão do sistema a jusante do tanque primário pode resultar num consumo de energia de até 10% ou mais (LBNL et al, 1998). As poupanças de energia com sistemas de controlo sofisticados são da ordem dos 12% por ano (Radgen e Blaustein, 2001). Os controlos de arranque/paragem, carga/descarga, acelerador, multiestágio, velocidade variável e rede são opções para os controlos do compressor.

(f) . **Dimensionamento correto do diâmetro dos tubos** .

O dimensionamento inadequado dos tubos pode levar a perdas de pressão, aumento de fugas e custos de produção mais elevados. Para um desempenho ótimo, os tubos devem ser corretamente dimensionados ou adaptados ao sistema de compressão atual. Um aumento do diâmetro da tubagem reduz geralmente o consumo anual de energia em 3% (Radgen e Blaustein, 2001).

(g) . **Iluminação**

O consumo de energia para iluminação na indústria do cimento é muito baixo. No entanto, é possível encontrar formas de melhorar a eficiência energética e reduzir o consumo de energia de uma forma rentável. A iluminação é utilizada quer para a iluminação geral do ambiente em instalações de produção, armazéns e escritórios, quer para a iluminação de certas áreas com baixos níveis de luz ou como iluminação de trabalho.

A iluminação pode ser desligada fora do horário de trabalho utilizando controlos automáticos, como sensores de presença que desligam a luz quando uma divisão não está ocupada. Os controlos manuais também podem ser utilizados para além dos controlos automáticos para poupar energia adicional em áreas mais pequenas.

5.5 **Medidas básicas de eficiência energética para o pessoal operacional**

O pessoal pode ser formado tanto nas suas competências como na abordagem geral da eficiência energética na prática quotidiana. O pessoal, a todos os níveis, deve estar consciente do consumo de energia e dos objectivos de eficiência energética. Ao transmitir a informação a todos, cada funcionário pode poupar energia. Além disso, os resultados do desempenho devem ser avaliados regularmente e comunicados a todo o pessoal, reconhecendo os melhores desempenhos. Eis alguns exemplos de tarefas simples que os empregados podem efetuar (Caffal, 1995):

- Desligar os motores, sopradores e máquinas quando não estão a ser utilizados, especialmente no final do dia de trabalho ou do turno e durante as pausas, se tal não tiver impacto na produção, na qualidade ou na segurança. Não os ponha a funcionar mais cedo do que o necessário, para que as regulações correctas (temperatura, pressão) sejam atingidas no momento certo.

- Desligue as luzes desnecessárias e aproveite ao máximo a luz do dia sempre que possível.

■ Comunique as fugas de água (água da torneira e torneiras a pingar), vapor e ar comprimido. Certifique-se de que são reparadas rapidamente. Os períodos de menor afluência, como os fins-de-semana, são a melhor altura para procurar fugas.

■ Tenha atenção a divisões desabitadas que tenham aquecimento ou ar condicionado e desligue o aquecimento ou o ar condicionado.

■ Certifique-se de que os controlos do aquecimento não são demasiado elevados ou que os controlos do arrefecimento não são demasiado baixos. Nesta situação, as janelas e as portas são frequentemente deixadas abertas para baixar a temperatura em vez de se baixar o aquecimento.

■ Certificar-se de que a pressão e a temperatura do equipamento não são demasiado elevadas.

■ Evitar as correntes de ar causadas por juntas, janelas e portas mal ajustadas e, por conseguinte, a fuga de ar frio ou quente.

■ Manutenção regular dos aparelhos que consomem energia.

■ Certificar-se de que o isolamento das instalações de aquecimento por processo é eficaz.

Figura 5.1: Principais elementos de um plano estratégico de gestão da energia

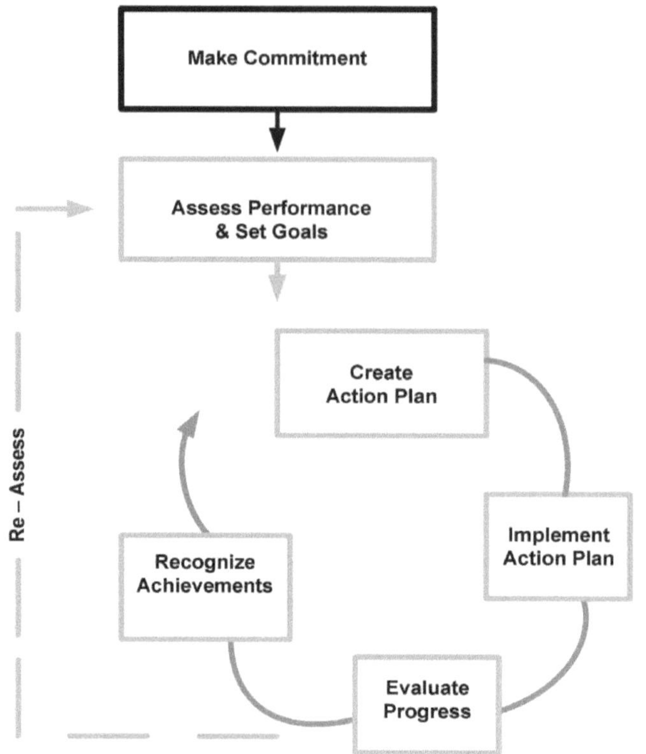

Quadro 5.1: Práticas e tecnologias energeticamente eficientes na produção de cimento.

Preparação da matéria-prima
Sistemas de transporte eficientes (processo seco)
Mistura e homogeneização de lamas (processo húmido) Sistemas de mistura de farinha crua (processo seco)
Mudança para moinhos de lavagem em circuito fechado (processo húmido)
Moinhos de rolos de alta eficiência (processo seco)
Classificador de alta eficiência (processo seco)
Transformação de combustíveis: Moinhos de rolos

Produção de clínquer (húmido)	Produção de clínquer (seco)
Gestão de energia e controlo de processos	Gestão de energia e controlo de processos.
Substituição da junta	Substituição da junta
Melhoria do sistema de combustão do forno Redução da perda de calor do invólucro do forno	Melhoria do sistema de combustão do forno Redução da perda de calor do invólucro do forno
Utilização de combustíveis derivados de resíduos	Utilização de combustíveis derivados de resíduos
Conversão para refrigeradores de grelha modernos	Conversão para um refrigerador de grelha moderno

Materiais refractários	Materiais refractários
Otimização do arrefecedor de grelha	Recuperação de calor para produção de eletricidade
Transição para pré-aquecedores, fornos de pré-calcinação	Ciclones de baixa queda de pressão para aquecedores de suspensão
Forno semi-seco (secador de lamas)	Otimização do arrefecedor de grelha
Forno semi-húmido	Adição de um pré-calcinador ao forno de pré-aquecimento Transformação de uma estufa de secagem longa numa estufa de pré-aquecimento de várias fases
Formação eficiente de fornos Enriquecimento de oxigénio.	
	Conversão de fornos de secagem longos em pré-aquecedores de várias fases e fornos de pré-calcinação Acionamento eficiente dos fornos Enriquecimento de oxigénio.

Lixagem de acabamento
Gestão de energia e controlo de processos
Meios de moagem melhorados (moinhos de bolas)
Prensa de rolos de alta pressão
Classificadores muito eficazes.

Medidas de carácter geral
Manutenção preventiva (isolamento, sistema de ar comprimido, assistência técnica)
Motores de alta eficiência
Ventiladores eficientes com accionamentos de velocidade variável
Otimização dos sistemas de ar comprimido
Iluminação eficiente

Alterações nos produtos e matérias-primas
Cimentos mistos
Cimento calcário
Redução da finura do cimento para aplicações seleccionadas
Utilização de escórias de aciaria em fornos

Fonte: Worrel et al, 2004

CAPÍTULO SEIS

RESUMO E CONCLUSÕES

Neste estudo, a análise energética, a análise exergética, as emissões de monóxido de carbono (CO_2) e os custos energéticos de produção foram estimados para a indústria de cimento nigeriana, uma das principais indústrias de energia intensiva na Nigéria.

A indústria cimenteira foi identificada não só como um grande consumidor de energia industrial, com os custos energéticos a representarem uma proporção significativa dos custos totais de produção (entre 15% e 50%), mas também como uma fonte significativa de gases com efeito de estufa (GEE), dado que a produção de cimento envolve a combustão de grandes quantidades de combustíveis fósseis.

A análise energética foi efectuada utilizando o método Input-Output Energy Analysis (IOEA), um aspeto da Input-Output Analysis (IOA), e foi utilizada para estimar a intensidade energética incorporada da produção de cimento na Nigéria. A análise exergética foi utilizada para estimar a eficiência da utilização de energia na indústria do cimento, bem como a taxa de poluição das fábricas de cimento consideradas. As emissões de monóxido de carbono (IV) foram estimadas utilizando as directrizes do IPCC para estimar as emissões de gases com efeito de estufa dos processos industriais. Os custos energéticos de produção foram estimados utilizando métodos de contabilidade energética.

Foram seleccionadas para o estudo duas grandes fábricas de cimento: a fábrica de Sagamu, uma fábrica de processo húmido com uma capacidade de produção instalada de 1 000 000 de toneladas por ano na parte sudoeste do país, e a fábrica de Ashaka, uma fábrica de processo seco com uma capacidade de produção instalada de 700 000 toneladas por ano na parte nordeste do país. A capacidade de produção destas duas fábricas de cimento representa mais de 70% da produção local total de cimento na Nigéria. Os dados para o estudo foram recolhidos para as fábricas de cimento no período de 1995 a 2005 para a fábrica de Sagamu e no período de 2000 a 2005 para a fábrica de Ashaka.

Para além de estimar os quatro principais indicadores de desempenho, nomeadamente a intensidade energética, a eficiência da utilização de energia e a taxa de poluição, as emissões de CO2 e os custos energéticos de produção para a fábrica de cimento selecionada, os resultados das duas fábricas foram comparados, enquanto os resultados globais das fábricas de cimento nigerianas, representados pelos resultados das instalações de processamento por via húmida e seca, foram comparados com as melhores práticas internacionais.

Em termos de utilização da capacidade da fábrica de cimento, o estudo concluiu que a fábrica de Ashaka teve um melhor desempenho do que a fábrica de Sagamu no que respeita ao processo seco. Enquanto a fábrica de Ashaka não produziu abaixo de 100% de utilização da capacidade, o melhor desempenho da fábrica de Sagamu foi de 96% em 2000, caindo para 69% de utilização da capacidade em 2005. A nível internacional, o estudo concluiu que a China era o maior produtor mundial de cimento, sendo responsável por dois terços da produção total de cimento em 2005, seguida pelos Estados Unidos, Índia e Japão.

No que diz respeito à utilização de energia, o estudo revelou que a fábrica de cimento de Sagamu utiliza o gás natural como principal fonte de combustível fóssil, enquanto a fábrica de cimento de Ashaka utiliza o óleo combustível de petróleo liquefeito (LPFO) como fonte de combustível fóssil. Esta fonte de energia é utilizada principalmente no forno para a produção de clínquer, o processo mais intensivo em energia na produção de cimento. O estudo revela ainda que, a nível internacional, as principais indústrias de cimento do mundo utilizam principalmente o carvão como fonte de energia. O estudo refere ainda que a utilização de energia térmica e eléctrica nas duas fábricas de cimento foi feita num rácio de 90:10, o que é elevado em comparação com as melhores práticas mundiais de 70:30.

A intensidade energética registada para a fábrica de Sagamu situou-se entre 7,1 GJ/tonelada e 9,4 GJ/tonelada, enquanto a intensidade energética registada para a fábrica de Ashaka se situou entre 5,06 GJ/tonelada e 6,27 GJ/tonelada. Ambas as fábricas tinham intensidades energéticas cinzentas muito elevadas, entre 2,9 e 3,2 GJ/tonelada, em comparação com as melhores práticas mundiais.

O estudo salienta igualmente que estão a ser utilizadas fontes de energia alternativas em diferentes partes do mundo para reduzir a intensidade energética global e propõe a sua utilização a nível local. Entre as fontes de energia alternativas identificadas contam-se os pneus usados, os invólucros de baterias usados, os resíduos sólidos e os resíduos químicos. O estudo conclui com uma recomendação de diferentes métodos de melhoria da eficiência energética que poderiam ajudar as fábricas de cimento locais a melhorar a sua utilização de energia.

No que respeita às emissões de CO2, ambas as instalações registaram uma diminuição do nível de emissões durante o período de inquérito, tendo a fábrica de Sagamu registado uma diminuição das emissões de CO2 de 765903,39 Tg CO2 em 1995 para 548310,89 Tg CO2 em 2005, o que representa uma diminuição global de cerca de 40%; a fábrica de Ashaka registou uma diminuição das emissões de CO2 de 604255,27 Tg CO2 em 2000 para 543658,31 Tg CO2 em 2005, uma redução global de cerca de 16%. Em termos de repartição das emissões, ambas as fábricas registaram mais de 50% de emissões relacionadas com o processo e menos de 50% de emissões relacionadas com a combustão. Na fábrica de Sagamu, as emissões relacionadas com o processo representaram entre 52% e 56% das emissões totais de CO2, enquanto as emissões relacionadas com a combustão representaram entre 44% e 49% das emissões totais de CO2. Na fábrica de cimento de Ashaka, as emissões relacionadas com o processo representaram entre 55% e 62% das emissões totais, enquanto as emissões relacionadas com a combustão representaram entre 38% e 44% das emissões totais de CO2.

A nível global, o estudo refere que as emissões de CO2 são susceptíveis de aumentar em resultado do aumento da procura de cimento nos países em desenvolvimento. Em termos de distribuição das emissões, o estudo refere que as emissões relacionadas com o processo são susceptíveis de aumentar devido ao aumento previsto da produção de clínquer e sugere a utilização de substitutos locais do clínquer como forma de reduzir as emissões relacionadas com o processo.

O índice de poluição registado para a fábrica de cimento Sagamu foi sempre inferior a 1,00 durante o período em análise, o que significa que o impacto ambiental do processo de produção de cimento da fábrica de cimento é função dos limites tecnológicos do processo de conversão de energia, ou seja, a poluição do ambiente imediato pela fábrica de cimento Sagamu mantém-se dentro de limites aceitáveis em relação ao processo de produção de cimento da fábrica de cimento. Não é o caso da cimenteira de Ashaka, onde o índice de poluição é sistematicamente superior a 1,00, o que mostra que a cimenteira deve tomar medidas pró-activas para limitar as emissões da sua fábrica. Embora tenham sido adoptadas algumas medidas na Ashaka, reduzindo o índice de poluição de 2,43 em 2000 para 1,23 em 2005, uma redução total de 33%, é necessário tomar mais medidas para reduzir ainda mais as emissões da fábrica de produção.

A eficiência do processo registada na fábrica de Sagamu foi consistentemente superior a 50% (50-59%) durante o período, enquanto a eficiência registada na fábrica de Ashaka se situou no intervalo 33-45%. Esta eficiência do processo indica que a fábrica de Sagamu foi melhor gerida do que a fábrica de Ashaka em termos de utilização de energia. O estudo mostrou que, contrariamente às expectativas, a fábrica húmida era mais eficiente do que a fábrica seca, que se esperava ser mais eficiente em termos energéticos.

O custo energético da produção por tonelada foi muito mais elevado na fábrica de Sagamu do que na fábrica de Ashaka. Em 2005, o custo da energia por tonelada de cimento na fábrica de Ashaka foi de 3 054,68 N, ao passo que na fábrica de Sagamu foi de 5 411,75 N para o mesmo período. Comparando estes valores com o custo do cimento no mercado internacional (N4 350 - N5 600 por tonelada) (Eyo - Ita, 2002 e USGS, 2006), é evidente que a produção de cimento na Nigéria é dispendiosa. Há muitos factores por detrás disto, mas o principal fator identificado no estudo é a rápida alteração do custo dos produtos petrolíferos no país durante o período estudado.

No final do estudo, foram identificados vários métodos e medidas de eficiência energética que poderiam melhorar a eficiência das duas fábricas de cimento, para além das principais medidas já identificadas. Estes métodos e medidas de eficiência energética foram baseados nas melhores práticas mundiais na produção de cimento. Foram destacados vários componentes e equipamentos energeticamente eficientes, bem como uma vasta gama de medidas de eficiência energética adoptadas pelo pessoal da fábrica que poderiam melhorar a eficiência energética das fábricas de cimento.

REFERÊNCIAS

Adeyemi, B (2007) "Obajana Cement: celebramos a excelência industrial e empresarial".
ᵗʰJornal The Guardian, 19 de maio.

Governo do Estado de Akwa Ibom (2004) "O Governo Federal quer proibir a importação de cimento".
ᵗʰNotícias do Estado de Akwa Ibom, 16 de agosto.

Ali - Ali, H.M (1979) "Input-output analysis of energy demand: an application to solar energy".
The Scottish economy in 1973", Energy Economics, outubro, pp. 211 - 217.

Alsop, P.A. e Post, J.W. (1995). The Cement Plant Operations Handbook. (Primeira edição) Tradeship Publications Ltd, Dorking UK.

Österreichischer Biomasse-Verband (2000) Dados básicos sobre bioenergia

Birch, E. (1990) "Energy Savings in cement kiln systems" in Energy Efficiency in the Cement Industry (Ed. J. Sirchis), Londres, Inglaterra: Elsevier Applied Science (p. 118-128).

Bureau of Public Enterprises (2003) "Status of the implementation of the privatisation programme".
ᵗʰFase I - Resumo das várias transacções "30 de julho, www.bpe.org

Bullard, C.W. e Herendeen, R.A. (1975) "Impact énergétique des choix de consommation".
Proceeding IEEE, 63, 3, p. 484 - 493.

Bush, M.J. (1981) "The energy intensity of commodities produced in Canada"
Energy, Vol. 6, p. 503 - 517.

Buzzi, S. (1997) "The Horomill - A new grinding wheel for fine grinding" ZKG international 3, 50 p. 127 - 138.

Caffal, C. (1995) "Energy management in industry" CADDET Analyses series 17, Sittard,

The Netherlands: CADDET.

Canadian Lime Institute (2001) "Energy Efficiency Opportunity in the Lime Industry", Office of Energy Efficiency, Natural Resources Canada, Ottawa, ON.

CEMBUREAU, (1968) "Ciment standards du monde (Ciment Portland et ses dérivés) Paris, 1968.

CEMBUREAU, (1997a) "Combustibles alternatifs dans la production de ciment (Un aperçu technique et environnemental), Rue d' Arian 55 - B - 104 www.cembureau.be

CEMBUREAU, (1997b) "Best available techniques for the cement industry", Bruxelas: CEMBUREAU

CEMBUREAU, (2001) "Rapports annuels 2000" (Relatórios anuais 2000) www.cembureau.be

Cengel, Y.A. e Boles, M.A. (2001). Termodinâmica: uma abordagem de engenharia, 4th 1ª edição, 1056 páginas. McGraw - Hill, Nova Iorque.

Centre for Energy Economics (2005) "Gas monetization in Nigeria" Relatório do CEE para o Gabinete de Geologia Económica, Jackson School of Geosciences, Universidade do Texas, Austin.

Banco Central da Nigéria (1990 - 1998) Relatórios e actas anuais.

Chapman, P.F. (1974) "Energy costs: an overview of methods". Política Energética, Vol. 2, No. 2: pp. 91 - 103

Costa, M.M. ; Schaeffer, R. and Worrel, E. (2001) "Exergiebilanzierung von Energie- und Materialflüsse in Stahlproduktionssystemen" Energy, Vol. 26 pp 363 - 384.

COWIconsult, March consulting group and Man (1993)". Energy technology in the Cement industrial sector" Relatório para a CEC - DG- XVII, Bruxelas, abril de 1992.

Denton, R.V. (1975) "The energy cost of goods and services in the Federal republic of Germany", Energy Policy, Vol.3, No.4, December pp 279 - 284.

Dike, C (2006) "Obajana Cement to be listed on the Nigerian Stock Exchange" Jornal Business Day, 31 de agosto .

Dolores, R. and Moran, M.F (2001) "Maintenance and Production Improvement with ASDs" Proceeding 2001 IEEE - IAS/PCA cement Industry Technical Conference, pp 85 - 97.

Ebohon, O. (1996) "Energy, economic growth and causality in developing countries" (Energia, crescimento económico e causalidade nos países em desenvolvimento). Política Energética, volume 24 n° 5, p. 447 - 453

Egwuatu, P (2005) "CCNN, UNTLJoin the leading growth stock in 2004", Vanguard Newspaper, 4 de janeiro.

Energy Technology Support Unit (1988) "High level Control of a Cement Kiln", Energy Efficiency Demonstration Scheme, Expanded Project Profile 185, Harwell, UK.

Esubiyi, A.O (1995) "Technical change in the nigerian cement industry" in Technology Políticas e práticas em África. Publicação do IDRC 380pp

Eyo - Ita, E.N (2002) "Nigerian Cement Industry is Pathetic" Jornal ThisDay, dezembro, 4 .

Folsberg, J (1997) "The Air - Swept Ring Roller Mill for Clinker Grinding" Proceeding 1997 IEEE/PCA Cement Industry Technical Conference XXXIX conference Record, Institute of Electrical and Electronics Engineers; New Jersey.

Fujimoto, S (1993) "Modern Technology impact on Power Usage in Cement Plants", Proceeding 35 IEEE Cement Industry Conference, Toronto, Ontário, Canadá, maio de 1993.

Fujimoto, S (1994) "Modern Technology Impact on Power Usage in Cement Plants", IEEE transactions on Industry Applications, Vol. 30, No.3, junho.

Gerbec, R. (1999). Société Fuller, comunicação pessoal.

Haspel, D. e Henderson, W. (1993) "A new generation of process systems", International Cement Review, junho, pp. 71-73.

Herendeen, R.A. (1978) "Input-output techniques and energy costs of goods". Política Energética, volume 6, p. 162.

Herendeen, R.A. e Bullard, C.W. (1976) "US Energy balance of trade, 1963 - 1967", Energy systems and policies, vol. 1, no. 4, pp. 383-390

Herendeen, R.A. e Tanaka, J. (1976) "Energy cost of living", Energy Policy, Vol. 1, pp 165 - 178.

Heijningen, R.J.J ; Castro, J.F.M et Worrel, E (éd.) (1992) "Energiekentallen in Relatie tot Preventie en Hergebruik van Afvalstromen", NOVEM/RIVM, Utrecht/Bilthoven, Países Baixos.

Holderbank Consulting (1993) "Present and future Energy Use of Energy in the Cement and Concrete Industries in Canada", CANMET, Ottawa, Ontário, Canadá.

Ibrahim, D. e Yunnus, A.C. (2001) "Energy, Entropy and exergy concepts and their Role in thermal engineering", Entropy, Vol.3, pp 116 - 149.

Ingersoll Rand,(2001) "Air Solutions Group - Compressed Air Systems Energy Reduction Basics" www.air.ingersoll-rand.com/NEW/pedwards.htm. junho de 2001

Agência Internacional da Energia (2006) "Energy technology perspectives: scenarios and strategies to 2050", AIE/OCDE, Paris.

Inyang, B (2005) "UNICEM to build new Calabar facility", Daily Independent, 22 de março .

Painel Intergovernamental sobre as Alterações Climáticas (1996) Revised IPCC
Guidelines for National Greenhouse Gas Inventories: Reference Manual.

[th]Jamodu, K (2002) "Ministerial Media Summit at the National Press Centre, Abuja" 20
de junho .

[thth]Associação Japonesa do Cimento (2006) "Cement industry's status and activities for
GHG emissions reduction in Japan, apresentação ao workshop da AIE - WBSCD sobre
eficiência energética e potenciais e políticas de redução das emissões $de\ CO_2$ na indústria
do cimento; AIE, Paris 4 - 5 de setembro.

Karunaratne, N.D. (1981) "An Input - Output analysis of Australian energy planning
Issues", Energy Economics, p. 159 - 168.

Karwa, D.V; Sathaye, J; Gadgil, A e Mukhopadhyay, M (1998) "Energy Efficiency and
Environmental Management Options in the Indian Cement Industry": ADB
Technical Assistance Project (TA: 2403 - IND) Forest Knolls, California ER1

Katja, S. e Joyant, S. (1999) "India cement industry: Productivity, energy efficiency and
carbon emission", Departamento de Tecnologias Energéticas Ambientais,
Laboratório Nacional Ernest Orlando Lawrence Berkeley.

[st]Kolawole, Y.(2004) "Obajana Cement Company to start production soon" ThisDay
Newspaper , 21 December.

Konijn, P.J.A (1994) "The Production and Use of Goods by Industry: On the Compilation of
Input - Output data from the National Accounts"; Enschede: Faculdade de Política de
Administração Pública, Universidade de Twente.

Koroneos, C. ; Roumbas, G. et Moussiopoulos, N. (2005) "Exergieanalyse der
Zementproduktion" Internationales Journal für Energie, Band 2 Nr. 1, S. 55-68.

Kotas, T.J. (1981) <u>The exergy method for the analysis of thermal installations:</u>
Butterworth Publications, Londres

[th]Kupolokun, F.M. (2006) "Nigeria and the future global gas market", apresentado no Fórum

de Energia do Baker Institute, Huston, EUA. 5 de maio.

Lang, T.A (1994) "Energy Savings Potential in the Cement Industry and Special Activities of the Holderbank Group", em Industrial Energy Efficiency: Policies and Programmes conference proceedings (26 - 27 de maio de 1994). Paris: Agência Internacional de Energia e Departamento de Energia dos EUA.

Lawrence Berkeley National Laboratory (LBNL) e Resource Dynamic Corporation (1988) "Improving compressed Air System Performance, a Sourcebook for Industry", preparado para o Departamento de Energia dos EUA, Motor Challenge Program, Berkeley, CA: LBNL

[nd]Leontief, W. (1941) The structure of the American Economy, 1919 - 1939: An Empirical Application of equilibrium analysis: 2 enlarged edition, White Plains, New York. :

International Arts and Science Press, 1951.

Lowes, T. M. e Bezant, K. W. (1990) "Energy management in the UK Cement Industry" Energy Efficiency in the Cement Industry (ed. J. Sirchis), Londres, Inglaterra: Elsevier Applied Science.

Makarytchev, S.V. (1997) "Analysis of the environmental impact of combined heat and power production based on ACFB". Energia, Vol.23, No.9, pp 711 - 717.

Marchal, G (1997) "Industrial Experience with Clinker Grinding in the Horomill" Proceeding of IEEE/PCA Cement Industry Technical Conference XXXIX conference record, Institute of Electrical and Electronics Engineers, New Jersey.

Martin, G. e McGarel, S. (2001) "Automated Solutions", International Cement Review, fevereiro, p. 66 - 67.

Martin, N; Ruth, M; Price, L; Elliot, R.N; Shipley, A.M e Thorne, J (2000) "Emerging Energy - Efficient Industrial Technologies", Berkeley: Lawrence Berkeley National Laboratory/ Washington, DC, EUA.

[th]Mohammed, M (2004) "An update of the activities of the Federal Ministry of Industries, by

the honorable minister, May 20 , Calabar at Commission of United Cement company Limited.

Nathan, M; Ernest, W e Lynn, P (1999) "Energy efficiency and carbon dioxide reduction opportunities in the US cement industry. Departamento de Tecnologias Energéticas Ambientais. Ernest Orlando Laboratório Nacional Lawrence Berkerly

Bolsa de Valores da Nigéria (2000) "The cement industry in Nigeria". The Nigerian Stock Exchange Investor's Guide, Volume 2, Número 4, julho de 2000.

Nigeria National Petroleum Company (2005) a Nigerian Gas Company Limited www.nnpcgroup.com

Obi, P (2005) "Miseráveis da terra - Não ganharam salário nem 58 meses e estão a morrer". [th]SunNewspaper, 27 de abril.

Osae - Brown, A (2004) "WAPCO: cimentada pela dívida" Business Day, 30 de agosto[th]

Ogunseye, (2004) "Dangote: uma marca no comércio". [rd]Daily Sun, 3 de junho.

Oosterhaven, J. (1981) Interregional input-output analysis and problems of Dutch regional policy Alder short: Gower.

Ozkan, B. ; Akcaoz, H. et Fert, C. (2004) "Energie-Input-Output-Analysis in the Turkish Agriculture" Renewal Energy, Vol. 29, p. 39-51.

Patterson, M.G. (1983) "Estimating the quality of energy sources and their use, Energy Policy, 11, 4, p. 346 - 359.

Peet, N.J. (1986) "Energy requirements of output of the New Zealand economy, 1976 -77", Energy, Vol.11, No. 7, pp 659 - 670.

Philip Kiln Services (2001) "Philips Enviro - Seal, Case Study - M/S Maihar cement" www.kiln.com Acesso em novembro de 2001.

Price, A. e Ross, M. H. (1989) "Reducing Industrial Electricity costs - an Automotive Case

Study", The Electricity Journal, julho: 40 - 51.

Price, L ; Worrel, E et Philipson, D (1999) "Energy use and carbon dioxide emission In energy intensive industries in key developing countries". ᵗʰᵗʰProcedimentos do Fórum de Tecnologias da Terra de 1999, Washington, DC, 27 - 29 de setembro.

Pick, H.J e Becker, P.E (1975) "Direct and indirect uses of energy and materials in engineering and construction", Applied Energy Vol.1, No.1, janeiro, pp 35 - 51.

Radgen, P. e Blausten, E. (eds.) (2001) "Compressed Air systems in the European Union, Energy, Emissions, Saving Potentials and Policy Actions". Fraunhofer-Institut für Systemtechnik und Innovation, Karlsruhe, Alemanha.

Rosen, M.A. e Dincer, I. (1999). "Thermal storage and exergy analysis: the impact of stratification", Transactions of the CSME 23 (IB), pp. 173 - 186.

Ruby, C.W (1997) "A new Approach to Expert Kiln Control" Proceeding of 1997 IEEE/PCA Cement Industry Technical Conference XXXIX Conference Record, Institute Of Electrical and Electronics Engineers; New Jersey.

ᵗʰSalzborn, D and Chin - Fatt, A (1993) "Operating results of a modified vertical roller mill with a high-efficiency separator" Proceeding of 35 IEEE Cement Industry Technical Conference, Toronto, Ontario, Canada, May

Schmidt, H.J (1998) "Chrome Free Basic Bricks - A Determining Fator in Cement Production" Proceeding of 1998 IEEE - IAS/PCA Cement Industry Technical Conference, pp 155 - 167.

Schubert, H. (1980) "Extraction of raw materials" in Cement Manufacturing Handbook. S. 39.

Seebach H.M ; Neumann, Von, E e Lohnherr, L. (1996) "Stand der Technik energieeffizienter Schleifsysteme" ZKG International 2 **49** p. 61 - 67

Security and Exchange Commission (2003) SEC quarterly, January - March,

Siam Cement Company Ltd (2005) Sustainability Report 2005, Siam Cement Company ltd,

Banguecoque.

Somani, R.A e Kothari, S.S (1997) "Cement in India" ZKG International 850 p. 430 - 437

Steuch, H.E. e Riley, P. (1993) "Ash groove's new 2200tpd Seattle plant comes on line". World Cement, abril.

Su, L. H. (1997) "TPI, Polene, An operational view" International cement review, December, p. 28 - 40.

Sussegger, A. (1993) "Separadores - Relatório de 1992". Actas do Simpósio KHD 1992, vol. 1, em " Moderne Walzenpressentechnik", KHD Humboldt Weelag, Colónia, Alemanha.

Szargut, J. e Styrylaka, T. (1964). Approximate evaluation of the exergy of fuels (Avaliação aproximada da exergia dos combustíveis). Bremstoff Warme Kraft, 16(12), p. 589 - 596 (em alemão)

[thth]Taylor, M ; Tam, C et Gielen, D (2006) Energy Efficiency and CO_2 emission reduction Potentials and policies in the cement industry, AIE, Paris, 4 - 5 de setembro.

Relatório da Security and Exchange Commission (2005) dos EUA, consultado pela Lafarge, [th]25 de março , www.sec.gov/archives/edger/data.

United States Geological Survey (2006) Mineral Yearbook, USGS, Reston, VA.

Van Oss, H. (2002) Comunicação pessoal. Geological Survey of the United States, março - maio.

Venkateswaran, S.R e Lowitt, H.E (1988) "The US Cement Industry. An Energy Perspective", Departamento de Energia dos EUA, Washington DC, EUA.

Vleuten, F.P. (1994) "Cement in development: energy and the environment", Dutch Foundation for Energy Research, Petten, Países Baixos.

Worrel, E. (1995) "Advanced technologies and energy efficiency in China's steel industry" Energy for Sustainable Development, volume 2, n.º 4, pp. 27-40.

Worrel, E. e Galitsky, C. (2004) "Energy Efficiency Improvement Opportunities for Cement Making", um guia Energy Star para gestores de energia e de instalações. Departamento de Tecnologias Ambientais. Laboratório Nacional Lawrence Berkeley. janeiro de 2004. LBNL - 54036.

Worrel, E.; Levine, M.D.; Price, L.K.; Martins, N.C.; Vanden; Broek, R. e Blok, K. (1997) "Potential and policy implications of improving energy and material efficiency". Nova Iorque, ONU, Comissão para o Desenvolvimento Sustentável.

Conselho Empresarial Mundial para o Desenvolvimento Sustentável (2002) "Towards a sustainable cement industry and climate change"; WBCSD, Genebra, www.wbscd.org

Conselho Mundial da Energia (1995) "Efficient use of energy utilizing high technology: An assessment of energy use in industry and building" WEC, Londres, Reino Unido.

Wright, D. (1974) "Goods and services: an input-output analysis" Energy Policy, volume 2 n° 4, p. 307-315.

Wright, D.J. (1975) "The natural resource requirements of commodities", Économie appliquée, vol. 7, dezembro, pp. 31-39.

Wu, R.H. e Chen, C.Y. (1989) "Energy intensity analysis for the period 1971 - 84: a case study of Taiwan", Energy, 14.

Printed by Books on Demand GmbH, Norderstedt / Germany